U0349804

中国石油气藏型储气库丛书

陕 224 储气库
建设与运行管理实践

付锁堂　谭中国　何光怀　等编著

石油工业出版社

内 容 提 要

本书论述了低渗透含硫岩性气藏改建地下储气库的设计方法和研究内容。在常规储气库设计研究的基础上,针对鄂尔多斯盆地储层渗透率低、非均质性强,无明显封闭边界,含硫化氢的建库地质特征,建立了地质综合评价、运行指标优化设计、钻采工程、地面工程、动态监测及跟踪评价、风险管控、组织管理等配套技术。本书既有理论论述,又结合陕224储气库的建设实践进行说明,可为国内外同类型气藏改建储气库提供借鉴。

本书可供从事地下储气库工作的科研人员和技术管理人员参考阅读,也可供高等院校相关专业的师生参考使用。

图书在版编目(CIP)数据

陕224储气库建设与运行管理实践/付锁堂等编著.
—北京:石油工业出版社,2020.8

(中国石油气藏型储气库丛书)

ISBN 978 – 7 – 5183 – 2611 – 2

Ⅰ.①陕… Ⅱ.①付… Ⅲ.①地下储气库 – 天然气开采 – 陕西 Ⅳ.①TE822

中国版本图书馆 CIP 数据核字(2018)第 256871 号

出版发行:石油工业出版社

(北京安定门外安华里 2 区 1 号楼   100011)

网 址:www. petropub. com

编辑部:(010)64523546   图书营销中心:(010)64523633

经 销:全国新华书店

印 刷:北京中石油彩色印刷有限责任公司

2020 年 8 月第 1 版   2020 年 8 月第 1 次印刷

787×1092 毫米 开本:1/16 印张:12.5

字数:320 千字

定价:110.00 元

《陕 224 储气库建设与运行管理实践》

编 委 会

《陕 224 储气库建设与运行管理实践》

编写与审稿人员名单

章	编写人员						审稿人员
第一章	张建国	杨琼警	刘双全	胡 涛	汪雄雄 李东升 郑 欣		张建国
第二章	张建国	何依林	张保国	伍 勇	徐运动 陈凤喜 赵晨阳		张建国
第三章	刘双全 段志锋 李明星 宋汉华	汪雄雄 高云文 李在顺 何 淼	蒙华军 张燕明 刘晓瑞 李旭梅	李琼玮 李 慧 李 辰 白小佩	胡相君 樊莲莲 胡阳明 刘建英	叶 亮 李 丽 王昌龄 欧阳勇 陈春宇 董晓焕 张 迪 沈云波	桂 捷
第四章	胡 涛 安维杰 周元甲 徐 文	薛 岗 许 茜 翟 龙 李道发	刘银春 张 颖 董 博 刘佳明	林 亮 卢鹏飞 姚欣伟 张进元	李东升 赵一农 罗慧娟 李曙华	王莉华 陈 丽 任晓峰 周晓亮 郗海霞 张 凯 田建峰	郑 欣
第五章	吕 建	张建国	李小辉	何依林	李 治 张春辉 牛智民		罗长斌
第六章	张建国	杨琼警	张保国	靳锁宝	蒙华军 胡 涛 黄锦袖		杨琼警
第七章	吕 建 张春辉	李小辉 牛智民	唐铁柱 薛 伟	郭杜凯 折文旭	李 治 付江龙 汤 敬		罗长斌

丛书序

进入 21 世纪,中国天然气产业发展迅猛,建成四大通道,天然气骨干管道总长已达 7.6 万千米,天然气需求急剧增长,全国天然气消费量从 2000 年的 245 亿立方米快速上升到 2019 年的 3067 亿立方米。其中,2019 年天然气进口比例高达 43%。冬季用气量是夏季的 4~10 倍,而储气调峰能力不足,严重影响了百姓生活。欧美经验表明,保障天然气安全平稳供给最经济最有效的手段——建设地下储气库。

地下储气库是将天然气重新注入地下空间而形成的一种人工气田或气藏,一般建设在靠近下游天然气用户城市的附近,在保障天然气管网高效安全运行、平衡季节用气峰谷差、应对长输管道突发事故、保障国家能源安全等方面发挥着不可替代的作用,已成为天然气"产、供、储、销"整体产业链中不可或缺的重要组成部分。2019 年,全世界共有地下储气库 689 座(北美 67%、欧洲 21%、独联体 7%),工作气量约 4165 亿立方米(北美 39%、欧洲 26%、独联体 28%),占天然气消费总量的 10.3% 左右。其中:中国储气库共有 27 座,总库容 520 亿立方米,调峰工作气量已达 130 亿立方米,占全国天然气消费总量的 4.2%。随着中国天然气业务快速稳步发展,预计 2030 年天然气消费量将达到 6000 亿立方米,天然气进口量 3300 亿立方米,对外依存度将超过 55%,天然气调峰需求将超过 700 亿立方米,中国储气库业务将迎来大规模建设黄金期。

为解决天然气供需日益紧张的矛盾,2010 年以来,中国石油陆续启动新疆呼图壁、西南相国寺、辽河双 6、华北苏桥、大港板南、长庆陕 224 等 6 座气藏型储气库(群)建设工作,但中国建库地质条件十分复杂,构造目标破碎,储层埋藏深、物性差,压力系数低,给储气库密封性与钻完井工程带来了严峻挑战;关键设备与核心装备依靠进口,建设成本与工期进度受制于人;地下、井筒和地面一体化条件苛刻,风险管控要求高。在这种情况下,中国石油立足自主创新,形成了从选址评价、工程建设到安全运行成套技术与装备，建成100亿立方米调峰保供能力，在提高天然气管网运行效率、平衡季节用气峰谷差、应对长输管道突发事故等方面发挥了重要作用，开创了我国储气库建设工业化之路。因此，及时总结储气库建设与运行的经验与教训，充分吸收国外储气库百年建设成果，站在新形势下储气库大规模建设的起点上，编写一套适合中国复杂地质条件下气藏型储气库建设与运行系列丛书，指导储气库快速安全有效发展，意义十分重大。

《中国石油气藏型储气库丛书》是一套按照地质气藏评价、钻完井工程、地面装备与建设和风险管控等四大关键技术体系，结合呼图壁、相国寺等六座储气库建设实践经验与成果，编撰完成的系列技术专著。该套丛书共包括《气藏型储气库总论》《储气库地质与气藏工程》《储气库钻采工程》《储气库地面工程》《储气库风险管控》《呼图壁储气库建设与运行管理实践》《相国寺储气库建设与运行管理实践》《双6储气库建设与运行管理实践》《苏桥储气库群建设与运行管理实践》《板南储气库群建设与运行管理实践》《陕224储气库建设与运行管理实践》等11个分册。编著者均为长期从事储气库基础理论研究与设计、现场生产建设和运营管理决策的专家、学者，代表了中国储气库研究与建设的最高水平。

本套丛书全面系统地总结、提炼了气藏型储气库研究、建设与运行的系列关键技术与经验，是一套值得在该领域从事相关研究、设计、建设与管理的人员参考的重要专著，必将对中国新形势下储气库大规模建设与运行起到积极的指导作用。我对这套丛书的出版发行表示热烈祝贺，并向在丛书编写与出版发行过程中付出辛勤汗水的广大研究人员与工作人员致以崇高敬意！

中国工程院院士　胡文瑞

2019 年 12 月

前　　言

进入 21 世纪以来,长庆油田油气产量快速攀升,2013 年油气当量突破 $5000 \times 10^4 t$,成为中国第一大油气田。作为上产的重要支撑,气区天然气产量 2007 年突破 $100 \times 10^8 m^3$,2013 年跨越 $300 \times 10^8 m^3$,2014 年达到 $381 \times 10^8 m^3$,奠定了我国最大天然气生产基地的地位。

随着国家清洁能源战略的推进和各地气化城市的建设,天然气需求持续快速增长,冬季天然气供需缺口不断扩大,天然气生产与需求的季节性差异矛盾更加突出并与日俱增。长庆气区作为我国最大的天然气生产基地和陆上天然气管网枢纽中心,肩负着更大的使命和责任。但随着气田开发的深入,靖边、榆林等相对高渗透气田进入稳产后期,井口压力接近地面系统压力,调峰能力大幅降低;而占气区产能近 2/3 的苏里格型致密气藏多井低产且气井产量递减快,调峰能力有限;同时,气区冬季恶劣的自然环境又加剧了调峰保供的困难,建设储气库提升气区冬季调峰能力已势在必行。

2010 年,长庆油田公司启动了鄂尔多斯盆地储气库评价及建设工作,先后选取了陕 224、苏东 39 - 61、陕 43 和苏 203 四个储气库建设有利区,在地质与气藏工程、钻采工程和地面工程等方面开展了大量研究和建库实践工作。陕 224 储气库于 2015 年 6 月投产运行,开创了低渗透含硫岩性气藏改建储气库的先例。

本书以陕 224 储气库的评价设计及建设实践为基础,充分借鉴了国内外地下储气库研究现状,针对低渗透含硫岩性气藏改建地下储气库的封闭性评价、气井注采能力分析、运行参数优化设计、钻完井工艺和注采集输工艺等方面进行集成创新,为今后该类型储气库评价和建设工作提供了一定的技术支撑。

值此书出版之际,向曾经为长庆油田储气库评价和建设提供过指导、支持与帮助的领导、专家和技术人员表示诚挚的谢意。

由于笔者水平有限,书中难免会存在缺点和不足,如有不妥之处,敬请读者批评指正。

目　　录

第一章 概　　述

长庆气区位于中国地理位置中心区域,又是中国最大的天然气能源基地和陆上供气管网枢纽,从国家能源安全战略考虑,是储气库规划建设的重要区域。2010 年,长庆油田启动了鄂尔多斯盆地储气库评价建设工作,经过两年的评价,优选靖边气田碳酸盐岩气藏改建储气库。但由于马五$_{1+2}$气藏整体渗透率低、含 H_2S、无明显封闭边界,在圈闭性评价、钻完井工程等方面存在诸多挑战,需要多专业集成创新,支撑储气库建设工作。

第一节　储气库建设必要性

近 10 年来,随着苏里格型致密气田的规模有效开发,长庆气区天然气产量实现了跨越式的增长,成为国内第一大天然气生产基地,2014 年以来,年产气量保持在 $360 \times 10^8 m^3$ 以上,如图 1 - 1 - 1 所示。

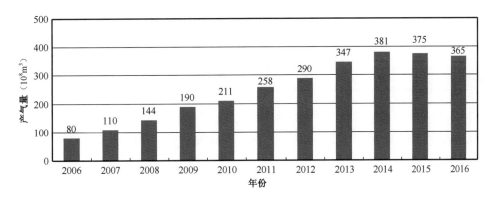

图 1 - 1 - 1　长庆气区历年产气量柱状图

随着天然气工业的快速发展,长庆气区天然气生产能力和调峰能力大幅度提升。冬季高峰期最大产气量由 2007 年的 $0.4 \times 10^8 m^3/d$,快速增加到 2014 年的 $1.2 \times 10^8 m^3/d$,近 4 年均超过 $1.1 \times 10^8 m^3/d$;气区产量峰谷差值和调峰能力也不断增大,2012 年,峰谷差值超过 $0.4 \times 10^8 m^3/d$,气区调峰能力达到峰值;之后,随着靖边、榆林等主力调峰气田进入稳产后期阶段,气区调峰能力快速下降。2016 年,峰谷差值为 $0.21 \times 10^8 m^3/d$,基本失去大规模调峰能力,如图 1 - 1 - 2 所示。

长庆气区主要担负着陕京线和周边城市的供气任务,其中产量的⅔供给陕京线,日供气量较为稳定;⅓供给周边区域。随着城市气化工程的持续推进,工业用气需求稳定增长,而居民用气需求则快速增长。由于民用气季节性特点强,峰谷差系数达到 3 以上,冬天需求量数倍增长,见表 1 - 1 - 1。

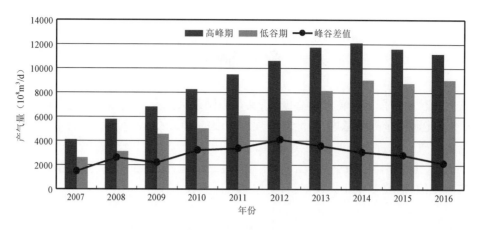

图1-1-2 长庆气区历年高峰期和低谷期产气量对比柱状图

表1-1-1 长庆气区2013—2016年外输气构成 单位:$10^4 m^3$

时间	高峰月日均			淡季月日均			日均差值		
	陕京线	周边民用	周边工业	陕京线	周边民用	周边工业	陕京线	周边民用	周边工业
2013年	6800	2044	1473	5100	830	1400	1700	1214	73
2014年	6986	2875	894	6242	950	1433	744	1925	-539
2015年	6629	2928	995	6428	922	1472	201	2006	-477
2016年	6247	2950	1284	5812	1009	1509	435	1941	-225

近年来,面临冬季调峰保供的严峻形势,长庆气区主要通过高产气井放大压差生产和大幅度压减工业用气来保障居民用气。放压提产生产方式导致气井稳产期大幅缩短、产量快速递减、气井提前见水,降低了气藏采收率,给气田中后期管理带来诸多不利因素,影响气田高效开发。一方面,伴随着靖边、榆林等相对高产气田逐步进入稳产末期,越来越多的气井达到地面集输系统压力,放压提产的方式已经无法满足冬季调峰需求;另一方面,冬季大幅度压减工业用气,不利于周边工业生产,影响企业美誉度和企地关系,并且会在一定程度上降低工业用户使用天然气的热情。

天然气需求的季节性特征,将会伴随我国天然气工业发展和周边用气需求的增长而长期存在。长庆气区作为我国最大的天然气生产基地,随着气田开发的深入,冬季调峰保供的政治和社会责任将愈加沉重。储气库作为一种经济合理、安全系数大的天然气规模储存方式,在解决季节用气不均衡性问题、保障安全平稳供气方面具有不可替代的作用。长庆气区通过放大气井生产压差保障供气的能力已十分有限,亟须通过建设储气库确保平稳供气。

第二节 地区调峰设施现状

长庆气区地处我国中心地带,区内建成10余条外输管线,连同3条西气东输管线,成为中国陆上天然气管网枢纽中心[1]。气区位于西部资源区和东部消费市场的结合区,是陕京管线的气源地,承担着向北京、西安等10多个大中城市安全稳定供气的重任,对确保国家能源战略安全意义重大。

由于长庆气区没有储气设施,特别是大规模地下储气库,主要依靠气田生产调峰;随着下游用户用气量不断增加,冬季用气高峰期供需矛盾尤为突出,给气田的生产建设部署带来了很大困难。以2011年冬季为例,长庆气区四大气田最大外供气能力$7700 \times 10^4 m^3/d$,但下游需求达到$8500 \times 10^4 m^3/d$,相差$800 \times 10^4 m^3/d$。长庆油田通过优化生产组织、内部挖掘潜力,四大主力气田均超负荷生产,在部分外供气CO_2含量不达标的情况下,最大外供气达到$8300 \times 10^4 m^3/d$,但仍存在近$200 \times 10^4 m^3/d$的供气缺口。

面对严峻的形势,为解决冬季高峰期的供需矛盾,长庆油田于2010年启动了鄂尔多斯盆地地下储气库评价和建设工作。首先选择了储层物性好、单井产量高的榆林气田南区上古生界山$_2$砂岩气藏开展先导试验区建设,并同时在靖边气田下古生界碳酸盐岩气藏开展库址筛选等前期评价工作。

榆林南储气库先导试验区建有集注站1座、注采试验井2口、评价井1口,于2011年9月投产开始第一周期注采试验。先导试验注气规模$130 \times 10^4 m^3/d$,采气规模$215 \times 10^4 m^3/d$,井口注气压力$17 \sim 28MPa$,采气压力$6.4 \sim 14MPa$;采用"集注站增压,注采合一,两级节流,开工临时注醇,中高压采气,低温分离"的主体工艺。经过2012—2013年两个周期的注采试验,取得了大量的试验生产数据和研究成果,为气区后续储气库的评价建设及配套技术的形成奠定了基础。先导试验研究认为,榆林南山$_2$段气藏改建储气库具有储层厚度大、分布稳定、气井注采能力较高、不含硫化氢的优势,但存在与煤矿区矿权重叠(叠合面积70%以上)、与长北合作区连通、注采气外逸等问题,短期内难以形成规模调峰能力。

随着榆林南区储气库建设的暂缓,陕224区块等一批圈闭相对落实、单井产能较高的马五$_{1+2}$和马五$_5$气藏成为储气库建设的有利区。长庆气区地下储气库的建设目标由榆林气田上古生界砂岩气藏转向靖边气田下古生界碳酸盐岩气藏。但由于下古生界气藏整体低渗透、含硫化氢以及无明显封闭边界等特征,改建储气库还存在诸多难点。

第三节　建库关键技术难点

通过对国内外已投运储气库的调研分析,库址优选主要考虑地理位置、圈闭密封性、储层物性、气井注采能力以及采出流体组分等因素。综合考虑以上因素,对长庆气区下古生界碳酸盐岩气藏改建储气库的优势和存在的主要技术难点进行了分析[2]。

一、气区建库优势

长庆气区作为中国最大的天然气能源基地,处于全国陆上供气管网枢纽位置,承担着天然气生产、储备、调节与应急的重要作用。其中,以靖边气田为代表的低渗透碳酸盐岩气藏以地理位置优越、储层分布稳定、盖层底板封闭性强等有利因素而成为储气库建设的有利区域。

(1)地理位置优越。有长宁线、长呼线、陕京1线、陕京2线、西气东输、靖西线等多条管线经过靖边气田。

（2）储层分布稳定。如陕 224 区块马五$_{1+2}$地层厚度平均 28.4m,其中马五$_1$地层厚度平均 17.2m,主力生产层位马五$_3^1$保存完整。

（3）盖层底板封闭性强。本溪组铝土质泥岩为马五$_{1+2}$气藏直接盖层,马五$_3$泥质云岩和云质灰岩、泥岩为其底板,岩性致密,具有良好封闭性。

（4）局部区块气井产能高,单井控制储量大。如陕 224 区块直井试气平均无阻流量 80 × $10^4 m^3$/d,评价单井控制储量超过 $3 × 10^8 m^3$。

（5）除局部区块产出成藏滞留地层水外,大部分区块主要产出凝析水。目前,气藏整体气水比约 $0.6 m^3/10^4 m^3$,不产地层水区块气水比约 $0.2\ m^3/10^4 m^3$,且无凝析油产出。

（6）地面集输管网系统配套,部分采气井可以老井利用。

二、主要技术难点

储气库必须满足"注得进、采得出、存得住"长期安全平稳运行的条件,对库区封闭性、气井注采能力、井身结构、井身质量、注采工艺方式等都有特殊要求。但是由于长庆岩性气藏存在渗透率低、储层非均质性强、无明显封闭边界、含硫化氢等特征,在地质评价与设计、钻完井工艺、储层改造和老井封堵等方面存在技术难点,制约了储气库评价建设工作[3]。

（一）地质评价及设计难点

1. 库区封闭性论证

国内外已建储气库多为构造型废弃油气藏或含水层[4],通过地震技术可以较准确地确定库区边界。而长庆气区主要为岩性气藏,气藏边界受含气性变化控制,而目前的地震技术很难准确预测储层的含气性变化,库区侧向封闭性评价难度大。

2. 气井注采能力评价

目前,气井注采能力评价主要采用节点分析方法,同时考虑油管尺寸、临界携液流量和冲蚀流量等影响因素[5]。陕 224 储气库已投产 3 口老井均未开展过多点法产能试井,并且注气井为 3 口新钻水平井,如何建立气井注采产能方程,开展多周期注采条件下气井注采气能力评价尚需进一步研究。

3. 库容量评价

库容量是指储气库中储存的最大气量,当储气库运行上限压力等于气藏原始地层压力时,库容量等于气藏动储量,因此来说,库容量设计的基础就是评价动储量。压降法是动储量评价最可靠的方法,但长庆储气库建设区主要为低孔隙度、低渗透气藏,库区关井测压资料有限,且气井工作制度不稳定,需深化低渗透气藏动储量评价方法研究[5]。

4. 运行参数优化设计

长庆气区用气高峰期需求变化较大,且工作气量、地层压力、气井注采能力和注采井数等参数相互影响。如何根据下游用户需求,建立库区日产气量分布模型,开展储气库工作气量、下限压力、单井日产气量等运行指标优化设计,建立储气库运行参数设计模式难度大[6]。

5. 酸气组分采出规律预测困难

长庆气区储气库建设及评价区均为酸气气藏(表 1 – 3 – 1),其剧毒性和腐蚀性对钻采工艺、地面集输工艺设计及安全环保等影响较大。但是,储气库多周期注采过程中酸性气体组分变化特征复杂,目前国内外尚无成熟经验可供借鉴,酸气采出规律预测困难。

表1-3-1 长庆气区储气库建设有利区酸性气体组分统计表

区块	H₂S 含量(mg/m³)			CO₂ 含量(%)		
	最小	最大	平均	最小	最大	平均
陕224	155.4	1365.3	553.9	5.46	7.46	6.01
陕43	13.9	2778.8	342.4	3.05	5.17	4.4
苏东39-61	1.9	12.35	5.7	0	4.45	1.39
苏203	0.09	7815.7	1038	0.02	5.87	3.26

(二)钻完井关键技术难点

1. 钻井施工难度大

陕224储气库位于鄂尔多斯盆地伊陕斜坡,储层低孔隙度低渗透,为增大储层泄流面积,必须采用大井眼、长水平段的井身结构才能满足后期注采需要,为此,钻完井工程在兼备常规难点的同时,又增加了新的难度[7]。

(1)该区储层薄,水平段井眼轨迹靶区半径变窄,为提高有效储层钻遇率,水平段轨迹控制的难度进一步增加。

(2)该区属枯竭型气藏,经过10余年开发,地层压力系数已降至0.3左右,钻井液极易进入地层伤害储层,增加了钻进过程中储层保护的难度。

(3)斜井段钻进要穿过山西组、太原组、本溪组等含煤地层,该区存在大段的煤层,最厚处近30m,且均处在大斜度井段,钻进过程中极易坍塌,为安全钻进带来了困难。

(4)斜井段井眼尺寸大,导向钻具造斜率较低,钻进过程中长期处于滑动增斜状态,钻具黏卡风险高,携砂难度逐渐增大。

(5)水平段井眼长、井径比较大,钻进后期加压困难,增加了后期快速钻进的难度。

2. 固井质量不易保障

大井眼、易漏失层及储层压力低和储气库固井质量要求高,对固井工艺和水泥浆体系带来挑战,生产套管和其上一层技术套管固井是储气库钻完井面临的主要难题;同时,韧性水泥浆体系优选、储气库固井质量评价方面还缺乏统一的标准和依据[8]。

长庆低渗透气藏储气库采用了大井眼四开井身结构,生产段采用ϕ244.5mm大直径套管,集大斜度井、大尺寸套管固井、水泥石受注采交变应力等特点于一身。使其在兼具常规固井共性问题的同时,又有以下难点:

(1)地层存在大段碳质泥岩或煤层,该煤层处于大斜度井段,最大井斜达79°,导致地层极易垮塌;地层承压能力低,易出现严重漏失、坍塌等复杂情况,导致施工失败或水泥浆返高不够。

(2)井壁不稳定,井眼扩大率高,部分井段超过45%,在大肚子井段影响固井驱替效率。

(3)ϕ244.5mm套管固井环空大,顶替效率低,易混浆,套管上段固井质量不易保证。

（4）后期储气库注气阶段井底最大压力约35MPa，较高的压力不利于保持水泥石的密封完整性，容易出现环空窜流、带压等情况。

（5）生产套管要求气密性好，完井工具准备难。在固井完井作业中，生产套管一般采用特殊扣型螺纹，而生产完井工具的厂家不具备加工特殊扣型的能力，或受知识产权保护而不能加工。因而管串设计时一定要考虑到分级箍及浮箍、浮鞋等工具扣型转换，而且必须提前和完井工具生产厂家及套管供应商联系，避免延误施工。

（三）储层改造工艺难点

储气库既是储气场所，又是供气气源，储层处于反复交变载荷的过程中，良好的储层改造效果对于确保储气库圈闭结构完整，提高储气库注采能力具有重要意义。

1. 储气库储层改造必须避免裂缝突破储隔层，确保圈闭结构完整性

常规气藏与储气库在地质构造方面有着相同的要求，即必须具备由储层与盖层共同组成的圈闭构造，储层为天然气提供必要的储集空间，而盖层则在阻止天然气继续运移扩散提供阻隔作用。

常规气藏与储气库在储层改造方面却存在本质区别，常规气藏为了实现提高单井产气量的目标，需要提高储层与井筒间的沟通能力，通过增大人工裂缝波及体积，改善储层与井筒之间的连通性，进而提高单井产量。长庆气田针对常规气藏开展的储层改造裂缝监测与偶极横波成像（DSI——Dipole Shear Sonic Imager）测试表明（图1-3-1），提高施工排量，有利于裂缝高度与裂缝波及体积的增大。

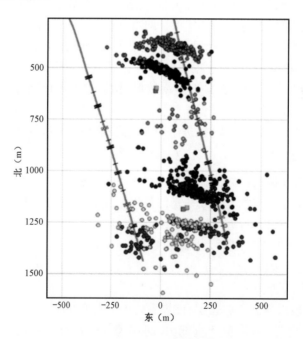

图1-3-1 水平井裂缝监测图

储气库储层改造考虑的是在确保储层圈闭构造完整性的前提下，提高裂缝波及体积。所以储气库储层改造的施工排量必须要考虑储层破裂压力的限制，避免因排量过大，裂缝缝高失控,纵向突破盖层,致使储层圈闭构造遭到破坏,无法保障对天然气的阻隔与存储效果。因此,储气库储层改造工艺的优选与工艺参数的优化尤为重要。

2. 在确保圈闭结构完整性的同时,提高改造效果,提升注采能力

为有效解除近井筒储层伤害,提升改造效果,提高注采能力,在确保储层圈闭结构完整性的同时,需要在改造工具、酸液体系、工艺参数等方面进行优化与完善。因此,储气库储层改造对于如何改进储层改造工具结构设计、提升酸液对近井筒储层伤害的解除效果,提高储气库注采井的注采能力方面提出了更高的要求。

(四) 地面建设难点

1. 增压模式的确定

长庆储气库后期规划建设规模大,集中增压与分散增压、一级与二级增压、往复式与离心式压缩机选择、电动机驱动与燃气驱动对比,都将对工程投资及今后运行费用造成极大影响,需要综合对比选择。

2. 高压力、变工况、厚壁管、抗硫管材的选择

注气管道的最高运行压力可达 30MPa,采气初期原料气含有 H_2S,管材的选择既要满足长周期、安全使用的要求,也要尽可能降低投资。

3. 净化方式的确定

国内无成熟的碳酸盐岩(含硫)气藏型储气库设计经验可供借鉴,亟待掌握气藏内 H_2S 和 CO_2 等气体组分在注采周期的变化规律,有效地解决净化方式和库淘洗周期预测的难题。

4. 设备材料选型

注采工艺流程复杂,工况多变,压力等级跨度大。设计压力从 1.6MPa 到 34MPa,设备材料选型难度大。

5. 新型设备的选择与应用

注气压缩机、大型橇装脱水装置、注采双向流量计等关键设备选型难度大。通过采用双向流量计,可以大大简化工艺流程,但是设备运行的可靠性,需要在后期试验中进一步验证。

参 考 文 献

[1] 杨华,郑聪斌,席胜利. 鄂尔多斯盆地下古生界奥陶系天然气成藏的地质特征[C]//鄂尔多斯盆地油气勘探开发论文集(1990—2000)[M]. 北京:石油工业出版社,2000.

[2] 杨华,金贵孝,荣春龙. 低渗透油气田研究与实践(卷三)[M]. 北京:石油工业出版社,2001.

[3] 丁国生,赵晓飞,谢萍. 中低渗枯竭气藏改建地下储气库难点及对策[J]. 天然气工业,2009,29(2):105-107.

[4] 刘振兴,靳秀菊,朱述坤,等. 中原地区地下储气库库址选择研究[J]. 天然气工业,2005,25(1):141-143.

[5] 杨树合,何书梅,季静,等. 地下储气库评价设计方法及应用[J]. 新疆地质,2002,20(3):271-273.

[6] 尹虎琛,陈军斌,兰义飞,等. 北美典型储气库的技术发展现状与启示[J]. 油气储运,2013,32(8):814-817.

[7] 马小明,赵平起. 地下储气库设计实用技术[M]. 北京:石油工业出版社,2011.

[8] 奥林·弗拉尼根. 储气库的设计与实施[M]. 张守良,陈建军,译. 北京:石油工业出版社,2004.

第二章　建库地质评价与地质方案设计

近年来,以靖边气田碳酸盐岩气藏为主要研究对象,地质、地震和气藏工程多学科联合攻关,围绕岩性气藏封闭性评价与监测、气井注采能力评价、库容及运行参数优化设计等技术难点,开展了大量建库评价和实践工作,形成了低渗透岩性气藏储气库优化设计技术,科学地编制了陕 224 储气库可行性研究和初步设计方案,为气库建设提供了依据。

第一节　气藏地质概况

一、地层特征

靖边气田奥陶系马家沟组为一套海相碳酸盐岩地层。通过生物地层、沉积旋回、电性和碳氧同位素对比,将马家沟组从老到新依次划分为马一段、马二段、马三段、马四段、马五段和马六段(峰峰组)[1]。马五段厚度为 310 ~ 360m,广泛分布蒸发潮坪相白云岩,溶蚀孔洞发育,是靖边气田天然气储集的主要层位。依据沉积旋回和相序,将马五段从新到老划分为 10 个亚段,即马五$_1$、马五$_2$、马五$_3$、马五$_4$、马五$_5$、马五$_6$、马五$_7$、马五$_8$、马五$_9$、马五$_{10}$(表 2 – 1 – 1)。

表 2 – 1 – 1　靖边气田奥陶系马家沟组储层划分表

统	组	段	亚段	小层	标志层	岩性
奥陶系下统	马家沟组	马五段	马五$_1$	马五$_1^1$		白云岩、含云泥岩
				马五$_1^2$		白云岩、云质泥岩
				马五$_1^3$		白云岩
				马五$_1^4$	K$_1$	云质泥岩、白云岩、凝灰岩
			马五$_2$	马五$_2^1$		白云岩、泥质云岩
				马五$_2^2$	K$_2$	白云岩
			马五$_3$	马五$_3^1$		云质泥岩、白云岩
				马五$_3^2$		云质泥岩、白云岩、泥岩
				马五$_3^3$		云质泥岩、白云岩、膏岩
			马五$_4$	马五$_4^1$	K$_3$	云质泥岩、白云岩、膏岩
				马五$_4^2$		云质泥岩、含泥云岩、膏岩
				马五$_4^3$		云质泥岩、含泥云岩、膏岩
			马五$_5$	马五$_5^1$	黑灰岩段	石灰岩
				马五$_5^2$		石灰岩
			马五$_6$			白云岩、盐岩
			马五$_7$			白云岩、石灰岩
			马五$_8$			白云岩、盐岩
			马五$_9$			白云岩
			马五$_{10}$			白云岩、盐岩

根据储层类型及成藏特征,将鄂尔多斯盆地马家沟组划分为上、中、下三套含气组合,如图 2-1-1 所示。其中,上组合包含马五$_1$—马五$_4$气藏,中组合包含马五$_5$—马五$_{10}$气藏,下组合为马四气藏。目前,规模投入开发的主要有马五$_1$、马五$_4$和马五$_5$气藏。

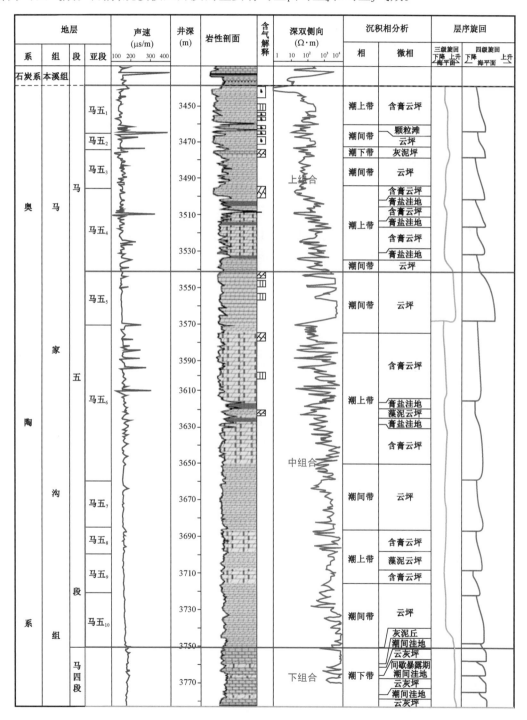

图 2-1-1 鄂尔多斯盆地马家沟组含气组合划分

二、构造特征

马五$_{1+2}$亚段现今构造为一区域性西倾大单斜,平均坡降 7 ~ 10m/km。地层走向近南北,局部略有偏转。气层埋深 3150 ~ 3765m,气层顶面海拔 -2310 ~ -1860m。在平缓的单斜背景上发育鼻状、穹形、箕状和盆形等一系列小幅度构造,其鼻轴走向为北东向和北东东向,呈雁列式排列[2]。

马五$_5$亚段现今构造整体形态为地层倾角不足 1°的西倾斜坡,平均坡降 10m/km 左右。在平缓单斜区域背景上发育数排北东东—东西向小幅度鼻状构造。鼻状隆起不具备分隔气藏的能力,但对储层储渗条件有一定控制作用,在烃源岩存在的情况下,正向构造部位有利于天然气富集。

三、圈闭封闭性

陕 224 井区位于靖边气田中部西侧,马家沟组马五$_1$亚段白云岩储层与上覆上古生界煤系烃源岩直接接触;东部和东北部马五$_{1+2}$亚段全部被剥蚀,形成沟槽,石炭系细粒沉积充填其中形成地层遮挡;西侧部分残留的马五$_{1+2}$亚段溶孔多被充填,岩性致密,形成区域性岩性遮挡。圈闭类型为地层—岩性复合圈闭,气藏分布不连续,但具有局部高产富集特点,无边底水[3]。

(一) 盖层密封性

1. 盖层泥岩等致密岩性地层平面分布特征

鄂尔多斯盆地地层平缓、构造稳定,保存条件好。陕 224 井区位于盆地中部,上石盒子组为一套以泥岩和粉砂质泥岩为主的地层,厚度 120 ~ 160m,具有分布稳定、单层厚度大的特点,区域上是气藏良好的上部盖层(图 2 - 1 - 2)。

太原组和本溪组泥岩是气藏下部区域盖层(图 2 - 1 - 2),为一套泥岩、石灰岩和粉砂质泥岩为主的地层,具有分布面积广、单层厚度大的特点。陕 224 井区太原组与本溪组地层厚度为45.0 ~ 81.0m,平均 57.1m,构成该区良好的下部区域盖层。

鄂尔多斯盆地本溪组泥岩普遍发育[4],陕 224 井区覆盖在马家沟组白云岩之上的本溪组泥岩横向分布稳定,主要为铝土质泥岩、黑色纯泥岩等,整体可作为直接盖层。铝土质泥岩分布在本溪组底部,是奥陶系碳酸盐岩经过风化、剥蚀、淋滤之后形成的古土壤,后随着石炭系的沉积覆盖、压实、固结,逐渐演变为铝土质泥岩,具备"低、窄"电阻率特征。

本溪组泥岩盖层厚度为 9.9 ~ 34.3m,平均 17.4m,具有良好的封盖能力(图 2 - 1 - 3)。局部发育零星砂体,但砂体不连片,厚度为 3 ~ 6m,(图 2 - 1 - 4),由于该区泥岩厚度大(40m以上),本溪组垂向上呈现"泥包砂"的特点,砂体不具备形成气体溢失通道的条件。综合评价,本溪组泥岩对该区下古生界储层具有良好的封盖能力。

2. 泥岩、石灰岩突破压力测试

岩样被润湿性流体饱和后,非润湿性流体必须克服岩石的毛细管阻力才能排驱润湿性流体。岩石的毛细管半径越小,则阻力越大,所需突破压力越高。在模拟地层条件下逐渐增加进气端的实验压力,当压力足以排替岩样中的饱和流体时,在出口端即可见到气体突破逸出,测得该岩样的突破压力;测得气体从盖层的底界穿越至顶界所经历的时间,即为突破时间。经测

试 YCK－1P 井所取山$_2^3$顶底岩样突破压力均大于41MPa（表2－1－2）。榆林南储气库评价井 YCK－1P 井的突破压力测试结果,证实鄂尔多斯盆地上古生界发育的泥岩、石灰岩具有良好的密封性。

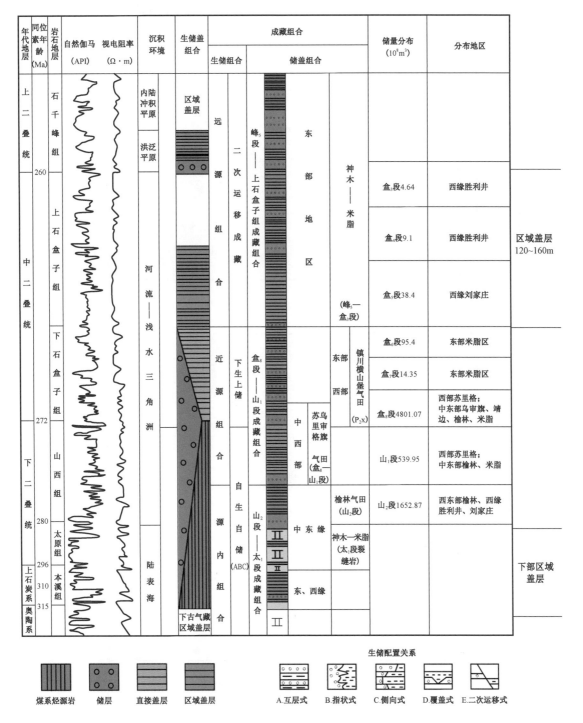

图2－1－2　鄂尔多斯盆地上古生界生—储—盖空间配置关系示意图

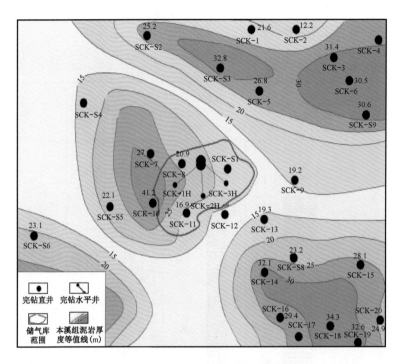

图 2-1-3　本溪组泥岩厚度等值图

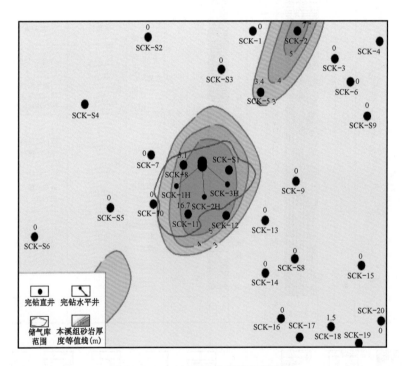

图 2-1-4　本溪组砂岩厚度等值图

表 2 - 1 - 2　榆林南区 YCK - 1P 井突破压力试验结果

序号	岩样号	井深（m）	岩样				气测渗透率（mD）	孔隙度（%）	岩样密度（g/cm³）	围压（MPa）	突破压力（MPa）
			岩性描述	层位	长度（cm）	直径（cm）					
1	1 - 23/116	2853.13	深灰色泥岩	$P_1s_2^{1,2}$	6.144	2.514	—	0.068	2.558	45.02	>41.0
2	1 - 85/116	2862.1	灰色泥岩	$P_1s_2^{1,2}$	5.546	2.5	6.41×10^{-7}	0.522	2.631	47.3	>41.0
3	1 - 95/116	2863.54	灰色泥岩	$P_1s_2^{1,2}$	5.358	2.516	—	0.057	2.677	48.64	>41.0
4	1 - 99/116	2864.2	浅灰色中砂岩	$P_1s_2^{1,2}$	5.376	2.518	1.41×10^{-7}	0.118	2.632	47.37	>41.0
5	3 - 49/104	2882.23	深灰色泥岩	$P_1s_2^3$	6.026	2.506	7.08×10^{-7}	0.562	2.574	45.95	>41.0
6	5 - 20/28	2904.43	深灰色泥岩	$P_1s_2^3$	6.584	2.5	—	0.043	2.659	48.81	>41.0
7	5 - 25/28	2905.04	深灰色泥岩	$P_1s_2^3$	5.124	2.512	—	0.028	2.62	47.68	>41.0
8	6 - 47/101	2912.59	深灰色泥岩	太原组	6.328	2.5	—	0.071	2.726	50.94	>41.0
9	6 - 66/101	2915.31	褐灰色泥质灰岩	太原组	5.97	2.5	—	0.069	2.467	43.32	>41.0

（二）底板密封性

陕 224 井区马五$_{1+2}$储层底板为马五$_3$亚段泥质云岩和云质灰、泥岩，厚度为 15.9 ~ 29.8m，平均 25.8m（图 2 - 1 - 5）；马五$_3$亚段岩性致密，横向连续分布，测井解释渗透率低、物性差；同时，储气库运行时气体向下运移的可能性较小，所以认为马五$_3$亚段溢失风险低，具有良好的密封性。

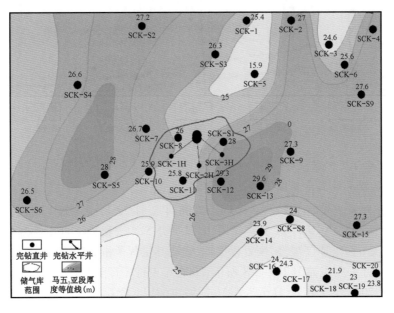

图 2 - 1 - 5　靖边气田陕 224 井区马五$_3$亚段厚度平面分布图

(三)边界密封性

1. 地震资料描述沟槽分布

靖边气田近20年的开发实践表明,区内基本没有断裂发育。陕224井区的储层展布主要受前石炭纪岩溶古地貌控制,亦受前石炭纪的侵蚀沟槽夹持,侵蚀沟槽中沉积的煤系地层对气藏起到一定的侧向封堵作用。因此,准确描述奥陶纪侵蚀古潜沟的发育特征是落实储层展布和圈闭能力评价的重要方法。前石炭纪侵蚀潜沟的解释首先是根据完钻井的合成地震记录与钻井揭示的储层保存情况进行波形归类,建立侵蚀量与地震波形之间的对应关系;再通过地震模型正演,分区域建立解释模式系列。剖面解释是以周围"太原组 + 本溪组"厚度首先确定应采用的模型类别和所处古地貌位置,结合周边钻井资料揭示的马五$_{1+2}$亚段厚度及层位保留情况,异常点段平面组合形态等对地震剖面进行解释;进而根据侵蚀异常点段分布进行平面组合,勾绘出侵蚀沟槽的平面展布形态[5,6](图2-1-6)。陕224井区被南北两条次级潜沟夹持,地震响应明显,侵蚀异常可靠,侵蚀潜沟展布形态落实[7]。

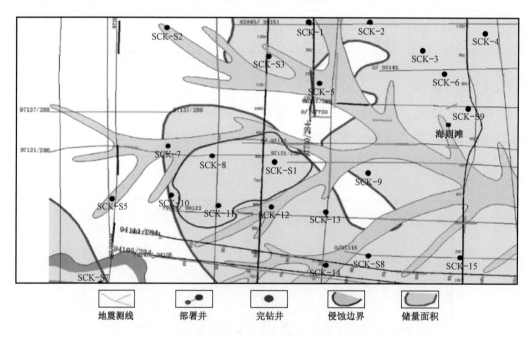

图2-1-6 陕224井区前石炭纪侵蚀潜沟分布图

2. 压力恢复程度低显示井区供给范围有限

SCK-11井开采曲线如图2-1-7所示,2008年2月28日至4月13日关井46天,套管压力升高0.8MPa;2009年5月21日至7月10日关井51天,套管压力几乎没有升高。SCK-11井关井期间压力恢复速度缓慢,恢复程度低,表明其供气范围有限。

SCK-S1井开采曲线如图2-1-8所示,2006年4月5日至6月12日关井65天,套管压力升高1.0MPa;2007年5月21日至7月21日关井63天,套管压力升高0.6MPa;2008年6月18日至8月18日关井60天,套管压力升高0.8MPa。该井压力恢复程度低,同样表明其供气范围有限。

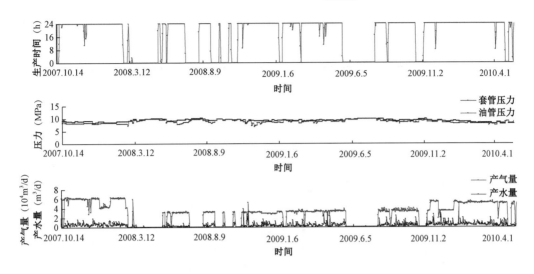

图 2-1-7 SCK-11 井开采曲线

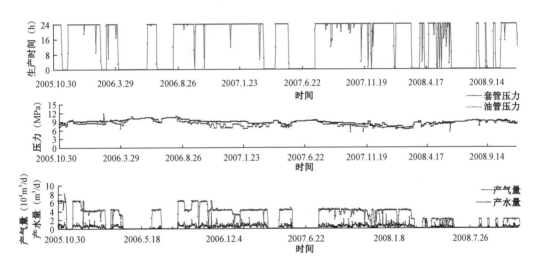

图 2-1-8 SCK-S1 井开采曲线

SCK-8 井与以上 2 口直井压力恢复程度基本一致,说明陕 224 井区是一个封闭的系统,3 口井基本控制井区供气范围,外围无供给,周边存在边界。

3. 试井解释存在边界

2012 年 4 月至 2013 年 4 月,陕 224 井区开展区块整体关井测压,并对三口老井开展压力恢复试井。三口气井均选用均质气藏 + 开口边界模型进行试井解释,其中 SCK-S1 井解释边界分别为 464m,890m 和 464m,SCK-11 井解释边界分别为 580m,501m 和 1200m,SCK-8 井解释边界分别为 540m,620m 和 1100m。三口气井试井解释库区外部存在封闭边界,但库区内部储层物性较好,解释渗透率 10~21mD。

4. 侧向致密岩性遮挡

陕 224 储气库库区外围的 SCK-7 井、SCK-10 井和 SCK-12 井残留马五$_{1+2}$亚段储层厚度1.1~13.4m(图2-1-9),残余储层内溶蚀孔洞多被盐、膏质和方解石充填,岩石致密,对气藏侧向起区域性岩性遮挡作用。

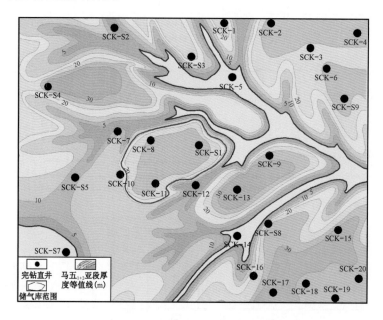

图2-1-9 陕224井区井位部署图

四、沉积相

(一)沉积类型划分

靖边气田古地理环境为含膏湖的硬石膏岩、白云岩盆缘坪,即蒸发潮坪。北边受北部局限海影响,而南边受南部开阔海影响,西边隔着环陆云坪与庆阳古陆相望。在这个蒸发潮坪上沉积了以白云岩、含膏云岩和膏质云岩为特征的岩石组合。其特点是分布面积大,水体很浅,波浪和潮汐流作用均受到限制。这使沉积物中普遍缺乏反映波浪及潮汐流的各种沉积构造,并只有较薄的潮下带沉积层。在这种环境条件下,周期性的海平面脉动和蒸发气候下碳酸盐沉积物的高生成率使沉积表面经常暴露并在大范围内形成向上变浅的碳酸盐蒸发潮坪沉积旋回组合,属碳酸盐高位体系域沉积模式中陆棚上的局限台地—潮坪环境[8]。

根据潮汐能量在潮坪沉积相中可以划分出潮上带、潮间带和潮下带三种亚相。而每一亚相又可由一种或多种微相组成。马五$_{1+2}$亚段储层潮坪沉积层序表现出两个特点:一是潮下带沉积相对不发育,主要分布在马五$_1^4$小层,潮下带沉积物中高能环境下沉积的各种颗粒岩类所占比例很小,主要是一些潮下低能环境中的沉积物;二是缺乏反映潮汐流水动力学特征的沉积构造。

在马五$_{1+2}$亚段的沉积物中,常见含石膏、硬石膏晶模孔、结核铸模孔的微晶白云岩,其连续厚度常在1~2m,而整个岩组段可达3~4m。而在近代萨布哈沉积的潮坪层序中,它们主要发育在潮上带。

以岩心观察和薄片分析为主,结合碳氧同位素分析、微量元素分析、压汞曲线以及酸不溶物化学分析等资料,将靖边气田马家沟组马五$_{1+2}$亚段划分出三个亚相、14 个微相类型,见表 2 -1 -3,其中潮上含膏云坪和膏云坪为有利微相类型。

表 2 -1 -3 靖边气田马五$_1$—马五$_2$亚段沉积微相划分表

相	亚相		微相
蒸发潮坪	潮上带		含膏云坪、膏云坪、云泥坪、泥坪
	潮间带	潮间上带	泥云坪、藻泥云坪
		潮间下带	灰云坪、云坪、潟湖、滩
	潮下带		云灰坪、灰坪、潮下凝灰质泥岩、滩

马五$_4$沉积期为干旱潮坪环境,其中马五$_4^1$主要为潮上带沉积,局部有潮间带。具体根据沉积微相发育特点,参考威尔逊的碳酸盐岩沉积微相划分方案,进一步划分出潮上泥云坪、潮上云坪、潮上蒸发膏坪、潮上灰云坪、潮上灰泥坪、潮间灰坪、潮间云坪和潮间灰云坪 2 大亚相、8 个次级沉积微相类。

马五$_5$亚段主要是蒸发潮坪相沉积区,其沉积为干旱潮坪环境。本区潮坪环境主要发育潮间带和潮下带沉积,局部发育潮上带沉积。进一步可划分出潮上泥云坪、潮上云坪、潮上灰云坪、潮间灰坪、潮间云坪、潮间粒屑滩、潮下灰坪和潮下粒屑滩 3 大亚相、8 个次级沉积微相类。其中,粒屑滩相和云坪相是最有利沉积微相。

(二)成岩作用特征

靖边气田马五$_1$—马五$_5$亚段自沉积后经历了漫长而复杂的成岩演化过程。其主要成岩作用类型有白云石化、膏化、溶解、自生矿物交代、自生矿物充填、重结晶、角砾化和破裂作用等。其中,建设性成岩作用有白云石化、溶解和破裂作用,形成各种孔隙类型及各种组构性或非组构性溶蚀孔、洞、缝;破坏性成岩作用主要有自生矿物充填、去云化作用,见表 2 -1 -4。

表 2 -1 -4 靖边气田主要成岩作用及孔隙演化特征表

岩溶类型	层间岩溶		风化岩溶	缝洞系岩溶	
成岩阶段	准同生→早成岩阶段	表生阶段	浅埋藏阶段	中深埋藏阶段	深埋藏阶段
主要成岩作用	云化、膏化、重结晶	去膏化、岩溶、去云化	岩溶作用、硅化、高岭石化	岩溶作用、去云化、白云石化	岩溶作用、白云石化、萤石化
地下水特征	咸化水、混合水	大气淡水	酸性压释水		
孔隙演化特征	晶间孔为主	岩溶孔洞群	对表生古岩溶孔洞改造		
充填期次	第一期		第二期		第三期
主要充填物	石膏、菱铁矿	渗流砂(碎屑白云石)、淡水方解石、淡水白云石	石英、高岭石、黄铁矿、铁方解石、有机质、菱铁矿		有机质、异形白云石、萤石、伊利石、地开石、硬石膏

五、储层特征

(一)岩石类型

马五$_{1+2}$亚段储层岩性以泥晶—细粉晶白云岩为主,岩层厚度约占地层总厚度的85%左右,岩石成分中白云石含量约占90%,另外含有含泥云岩、含灰云岩、灰质云岩以及次生灰岩等。其中,结构较粗的细粉晶白云岩是主要储集岩。

马五$_4$亚段储层岩性包括颗粒白云岩、粗粉晶白云岩、细粉晶白云岩、泥粉晶白云岩、泥晶白云岩等,其中结构较粗的粗粉晶—细粉晶白云岩是储集岩的主体。

马五$_5$亚段储层岩性主要为灰黑色泥晶灰岩、灰褐色砾屑、砂屑灰岩,浅灰色豹斑灰岩,浅黄色细粉晶或粗粉晶白云岩,其中细晶白云岩、粗粉晶白云岩是主要储集岩,储层岩石颗粒较粗,有利于后期储层改造。

(二)物性特征

靖边气田马五$_{1+2}$亚段储层平均有效厚度5.5m,平均孔隙度5.8%,平均基质渗透率0.483mD,平均含气饱和度78.1%;马五$_4$亚段储层平均有效厚度2.4m,平均孔隙度6.9%,平均基质渗透率0.408mD,平均含气饱和度72.0%;马五$_5$亚段储层平均有效厚度4.6m,平均孔隙度5.5%,平均基质渗透率2.235mD,平均含气饱和度64.1%。

(三)储集类型及孔隙结构特征

1. 储集空间类型

马五$_{1+2}$亚段、马五$_4$亚段储层孔隙类型以岩溶成因的溶蚀孔洞为主,其次为晶间孔和膏模孔,三者约占总面孔率的91.7%,此外还有少量晶间溶孔(图2-1-10)。裂缝有岩溶缝、成岩收缩缝、角砾间缝、构造缝等。储层有效缝对沟通溶孔、提高储层渗流能力有着十分重要的地质意义。

马五$_5$亚段储层的主要储集空间为晶间孔,占总孔隙的84.9%(图2-1-11),其次为溶孔、晶间溶孔,局部发育微裂缝。苏东39-61区块、苏东48-65区块和苏南35-80区块马五$_5$亚段储层裂缝较发育,主要裂缝类型有高角度裂缝、网状裂缝、溶蚀缝等。

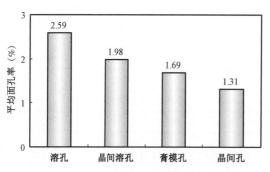

图2-1-10 马五$_{1-4}$亚段储层孔隙类型
面孔率分布图

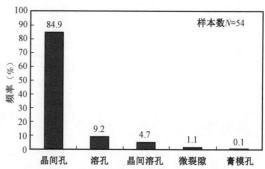

图2-1-11 马五$_5$亚段储层孔隙类型
频率对比图

2. 孔隙结构特征

在岩心观察、化验分析及测井解释基础上,结合岩石学、毛细管压力曲线特征,将储层孔、洞、缝组合关系划分为3种。

(1)裂缝—溶蚀孔洞型。

岩性为含硬石膏结核铸模泥微晶白云岩,孔隙类型包括硬石膏结核铸模溶孔、不规则岩溶孔洞、膏模孔、盐模孔和溶孔充填粉晶白云石晶间孔、晶间溶孔。网状裂缝沟通溶蚀孔洞。孔洞弱充填—中等充填,储层物性好,孔隙度大于3.5%,渗透率大于6mD,充填物主要为自形粉晶白云石,少量方解石、石英及高岭石,分布较广,构成区内的主力气层,主要分布于马五$_1^3$、马五$_1^2$、马五$_4^{1a}$和马五$_1^1$小层。

(2)孔隙型。

岩性为粗粉晶—细中晶白云岩(糖粒状白云岩),白云石半自形—自形,为近地表—浅埋藏混合水白云岩化成因。孔隙类型有白云石晶间孔和晶间溶孔。粉晶白云石晶间孔孔径为0.005~0.02mm,细中晶白云石晶间孔孔径为0.03~0.01mm,晶间溶孔孔径可达0.02mm。孔隙度一般大于6%,最高达19%;渗透率一般大于0.5mD,最高达316mD。孔隙型储层分布较局限,多呈透镜状或似层状,主要分布于马五$_1^4$小层。

(3)晶间微孔—裂缝型。

岩性为泥粉晶、细粉晶和藻纹层白云岩等,为潮间颗粒滩或潮间云坪经回流渗透白云岩化形成。孔隙类型主要为晶间微孔,少量膏(盐)模孔,孔径一般小于0.002mm。层间微裂缝较发育,微裂缝宽度小于0.1mm,密度10条/cm。孔隙度一般小于4.5%,渗透率小于0.5mD。主要分布于马五$_2^1$、马五$_2^2$和马五$_3^1$小层。

六、流体性质

由于鄂尔多斯盆地下古生界碳酸盐岩气藏受沉积、成岩、构造和储层非均质性等多重因素影响,不同区块流体性质差异较大。

陕224区块马五$_1$气藏平均CH_4含量93.43%,C_2H_6含量0.33%,H_2S含量553.9 mg/m^3,CO_2含量6.01%,临界压力4.73MPa,临界温度201.62K,相对密度0.61,见表2-1-5。产出水平均pH值5.54,K^+、Na^+含量4401 mg/L,Ca^{2+}含量5867 mg/L,Cl^-含量17577mg/L,总矿化度28351mg/L,具体见表2-1-6。气体组分表现为含硫型干气气藏,地层水为弱酸性$CaCl_2$水型。

表2-1-5 陕224区块马五$_1$气藏天然气组分分析结果表

组分	含量		临界压力(MPa)	临界温度(K)	相对密度
	范围	均值			
CH_4	93.27%~93.66%	93.4%			
C_2H_6	0.33%	0.33%			
C_3H_8	0.0508%~0.052%	0.051%	4.7	201.6	0.6
iC_4	0.001%~0.0014%	0.001%			
nC_4	0.0023%~0.003%	0.002%			

组份	含量		临界压力（MPa）	临界温度（K）	相对密度
	范围	均值			
iC_5	0 ~ 0.0016%	0.001%			
H_2	0	0			
N_2	0.17% ~ 0.23%	0.2%	4.7	201.6	0.6
CO_2	5.46% ~ 7.46%	6.01%			
H_2S	155.4 ~ 1365.3mg/m³	553.9mg/m³			

表 2 - 1 - 6　陕 224 区块马五₁气藏产出水组分分析结果表

分析项目	结果		分析项目	结果	
	范围	均值		范围	均值
pH 值	4.74 ~ 6.85	5.54	Cl^-含量(mg/L)	28.5 ~ 162367	17577
K^+、Na^+含量(mg/L)	26.96 ~ 56427	4401	SO_4^{2-}含量(mg/L)	0 ~ 472	33.6
Ca^{2+}含量(mg/L)	9.8 ~ 44705	5867	总矿化度(mg/L)	161 ~ 261789	28351
Mg^{2+}含量(mg/L)	2.47 ~ 10950	679	水型	$CaCl_2$	

七、地质储量

容积法是计算油气藏储量的基本方法，天然气储集于储层的孔隙或裂缝内，若知道储层的孔隙或裂缝体积、含气饱和度等参数，就可以计算出天然气在储层中的体积，即油气藏的天然地质储量。一般，当气田动态资料较少时应用容积法计算：

$$G = 0.01Ah\phi(1 - S_w)\frac{T_{sc}p_i}{p_{sc}TZ_i} \qquad (2-1-1)$$

式中　G——标准状况下气藏的地质储量，$10^8 m^3$；

　　　A——含气面积，km^2；

　　　h——有效厚度，m；

　　　ϕ——有效孔隙度，%；

　　　S_w——束缚水饱和度，%；

　　　p_i——气藏原始地层压力，MPa；

　　　T——平均地层温度，K；

　　　p_{sc}——地面标准压力，MPa；

　　　T_{sc}——地面标准温度，K；

　　　Z_i——气体偏差系数。

由于储层的非均质性，计算地质储量时若是对整个气藏采用上述公式来计算将产生较大的偏差。为了减少误差，提高计算精度，在实际计算中，一般用单元体积法计算气藏的地质储量，即首先划分计算单元，确定各单元的含气面积、有效厚度、孔隙度和束缚水饱和度等，从而计算各单元的原始地质储量,最后累加各单元的地质储量以获得气藏地质储量。

单元地质储量:

$$G_j = 0.01 A_j h_j \phi_j (1 - S_{wij}) E_{gij} \tag{2-1-2}$$

$$E_{gij} = \frac{T_{sc} p_{ij}}{P_{sc} T_j Z_{ij}} \tag{2-1-3}$$

单储系数:

$$SNF = \frac{G_j}{A_j \cdot h_j} = 0.01 \phi_j (1 - S_{wij}) E_{gij} \tag{2-1-4}$$

气藏地质储量:

$$G = \sum_{j=1}^{n} G_j \tag{2-1-5}$$

式中　E_{gij}——第 j 单元的天然气膨胀系数;

　　　A_j——第 j 单元的含气面积,km^2;

　　　h_j——第 j 单元的有效厚度,m;

　　　ϕ_j——第 j 单元的有效孔隙度,%;

　　　S_{wij}——第 j 单元的束缚水饱和度,%;

　　　p_{ij}——第 j 单元的原始地层压力,MPa;

　　　T_j——第 j 单元的地层温度,K;

　　　Z_{ij}——第 j 单元的气体偏差系数,无量纲。

计算气藏储量的容积法,对各种圈闭、储集类型和驱动类型气藏均可应用,其计算精度与勘探程度和资料丰富程度有关。根据确定的各项参数,采用容积法概算陕 224 井区马五$_1$气藏地质储量(表 2-1-7)。

表 2-1-7　陕 224 井区马五$_1$气藏地质储量计算表

区块	层位	含气面积 (km²)	有效厚度 (m)	有效孔隙度 (%)	含气饱和度 (%)	地层压力 (MPa)	地层温度 (K)	偏差系数	地质储量 (10⁸m³)
陕 224	马五$_1$	19.3	7.6	6.1	72.9	30.4	383.4	0.974	16.2

第二节　气藏开发简况

一、开发历程与现状

(一)陕 224 井区气藏开发简况

陕 224 井区马五$_1$气藏于 2000 年投产,区内共完钻气井 3 口,试气平均无阻流量 80.4 × $10^4 m^3/d$。截至 2014 年底,区块日产气 17.6 × $10^4 m^3$,日产水 4.0 m^3,累计产气 7.9 × $10^8 m^3$,累计产水 8591.8 m^3,水气比 0.1 $m^3/10^4 m^3$;平均井口油管压力(简称油压)、套管压力(简称套压)

分别为 3.9MPa 和 4.8MPa,地层压力 7.7MPa,动储量采出程度 76.0%。

SCK-8 井试气无阻流量 65.3×10⁴m³/d,于 2003 年 9 月 5 日投产,投产前油压、套压均为 23.2MPa,截至 2014 年底,井口油压、套压分别为 3.7MPa 和 4.2MPa,累计产气 2.8×10⁸m³,累计产水 2952.3m³,水气比 0.1m³/10⁴m³(图 2-2-1)。

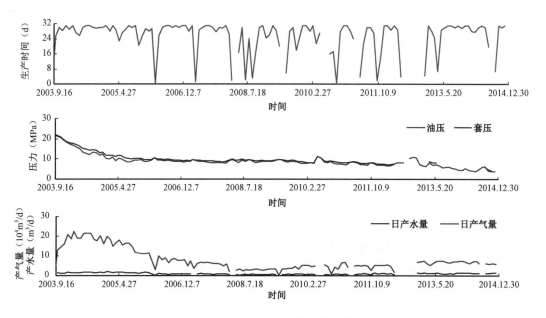

图 2-2-1　SCK-8 井开采曲线

SCK-11 井试气无阻流量 114.6×10⁴m³/d,于 2003 年 10 月 18 日投产,投产前油压、套压均为 22.7MPa。截至 2014 年底,井口油压、套压分别为 3.7MPa 和 4.9MPa,累计产气 2.9×10⁸m³,累计产水 3177.9m³,水气比 0.1m³/10⁴m³(图 2-2-2)。

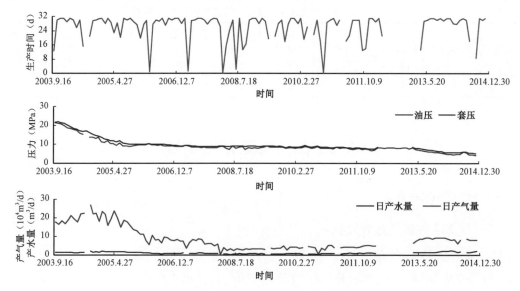

图 2-2-2　SCK-11 井开采曲线

SCK – S1 井试气无阻流量 $61.2 \times 10^4 m^3/d$，于 2000 年 10 月 30 日投产，投产前油压、套压均为 25.4MPa。截至 2014 年底，井口油压、套压分别为 3.4MPa 和 4.0MPa，累计产气 $2.2 \times 10^8 m^3$，累计产水 $2461.5 m^3$，水气比 $0.1 m^3/10^4 m^3$（图 2 – 2 – 3）。

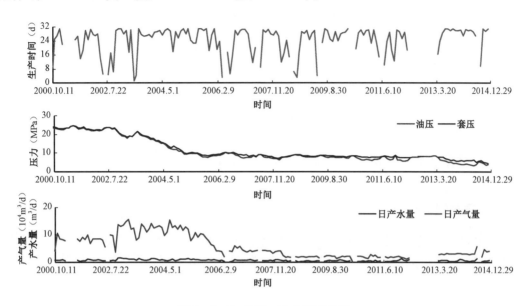

图 2 – 2 – 3　SCK – S1 井开采曲线

（二）陕 224 储气库建设现状

陕 224 储气库于 2012 年 6 月开工建设，2013 年地面建设主体工程基本完成，2014 年完成三口注采水平井建设任务，同年 11 月完成注气调试工作，于 2015 年 6 月 6 日正式投产运行。截至 2017 年 3 月，开展了两个周期的注采运行。第一周期注气 $1.38 \times 10^8 m^3$，日均注气 $91.6 \times 10^4 m^3$；采气 $0.85 \times 10^8 m^3$，日均采气 $70.2 \times 10^4 m^3$。第二周期注气 $3.1 \times 10^8 m^3$，日均注气 $177.1 \times 10^4 m^3$；采气 $0.65 \times 10^8 m^3$，日均采气 $73.3 \times 10^4 m^3$（图 2 – 2 – 4）。

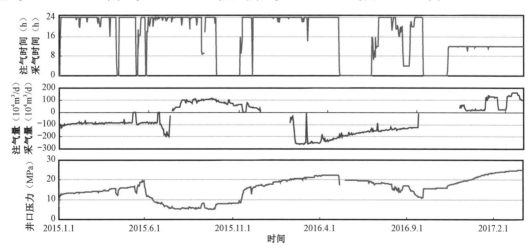

图 2 – 2 – 4　陕 224 储气库注气运行动态曲线

二、气藏开发宏观特征

(一)圈闭类型

靖边气田马五$_{1+2}$气藏现今构造为一区域性西倾大单斜,在平缓的单斜背景上发育鼻状、穹形、箕状和盆形等一系列小幅度构造,但不具备封隔气藏的能力。陕224井区马五$_{1+2}$气藏白云岩储层与上覆上古生界煤系烃源岩直接接触;东部和东北部马五$_{1+2}$亚段全部剥蚀,形成沟槽,石炭系细粒沉积充填其中形成地层遮挡;西侧部分残留的马五$_{1+2}$亚段溶孔多被充填,岩性致密,对气藏具区域性岩性遮挡作用。圈闭类型为地层—岩性复合圈闭。

(二)储层物性特征

陕224井区马五$_1$气藏测井解释有效孔隙度6.1%,基质渗透率1.174mD,为低孔隙度低渗透率气藏。

(三)气藏驱动类型

陕224井区马五$_1$气藏开发过程中,气井产水量小,截至2014年底,累计产水0.85×10⁴m³,水气比0.1m³/10⁴m³,压降曲线呈一直线(图2-2-5),气藏为定容弹性气驱气藏。

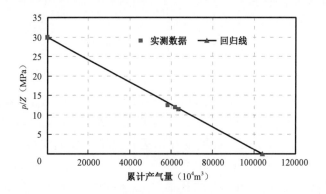

图2-2-5 陕224井区马五$_1$气藏压降曲线

(四)气体组分特征

陕224井区马五$_1$气藏采出气平均CH$_4$含量93.43%,H$_2$S含量553.9 mg/m³,CO$_2$含量6.01%,相对密度0.61,开采过程中地下储层内和地面分离器中均无凝析油产出,气体组分表现为低含硫、中含CO$_2$型干气气藏。

(五)地层压力特征

陕224井区马五$_1$气藏原始地层压力30.4MPa,埋深3468m,压力系数0.89,为中深层低压气藏。

三、动态法地质储量

动态法地质储量是指在现有工艺技术和井网条件下,已开发地质储量中投入生产至天然气产量和波及范围内的地层压力降为零时,可以从气藏中采出的天然气总量;其本质是地层条件下实际参与渗流的地质储量,是气田开发的物质基础。当储气库运行上限压力等于原始地层压力时,库容量就等于动储量。因此,动储量是库容量设计的基础。

(一)评价方法

在常规动储量评价方法适应性分析基础上,针对靖边气田碳酸盐岩储层非均质性强、渗透率低、关井压力恢复速度慢、地层压力测试资料缺乏的情况,充分应用气藏生产动态资料,形成了压降法、流动物质平衡法、产量不稳定分析法等气井动态储量评价方法。

1. 压降法

压降法是评价气井动态储量最可靠的方法。对于定容封闭气藏,压降方程即物质平衡方程为:

$$\frac{p_r}{Z} = \frac{p_i}{Z_i}\left(1 - \frac{G_p}{G}\right) \qquad (2-2-1)$$

式中　p_r——目前平均地层压力,MPa;

　　　p_i——原始地层压力,MPa;

　　　Z——目前地层压力下的压缩系数,无量纲;

　　　Z_i——原始地层压力下的压缩系数,无量纲;

　　　G_p——累计采气量,$10^8 m^3$;

　　　G——动储量,$10^8 m^3$。

令:

$$a = \frac{p_i}{Z_i}, b = \frac{p_i}{Z_i G} = \frac{a}{G}$$

则式(2-2-1)变为:

$$p/Z = a - bG_p \qquad (2-2-2)$$

由此可知,视地层压力 p/Z 与累计采气量 G_p 为直线关系。因此,根据不同阶段视地层压力与相应累计采气量的回归直线可求得气井控制储量:

$$G = a/b \qquad (2-2-3)$$

压降法适合采出程度大于10%,且至少具有两个地层压力数据点的井。采出程度过低,压力产量误差对计算结果影响较大,压力数据越多,分析越准确。但是对于低渗透气藏,由于关井压力恢复速度慢,需要长时间关井,关井测压与生产需求存在很大矛盾;同时,由于气田井数较多,关井测压也只能针对部分典型井开展,气田实际地层压力测试值较少。针对上述情况,长庆气田形成了井口压力折算法、拓展二项式方程及拟稳态数学模型法等不关井条件下地层压力评价方法,可根据生产中短期恢复井口压力、二项式产能方程等资料,计算单井地层压力,补充地层压力数据点。

2. 流动物质平衡法

根据渗流力学理论,对于封闭边界气藏中定产生产井,当处于拟稳定渗流状态时,在任意一点处有:

$$p = p_i - \frac{4.242 \times 10^{-3} q_{sc} \bar{\mu} B_g}{Kh}\left(\lg \frac{r_e}{r} - 0.326\right) - \frac{1.327 \times 10^{-2} q_{sc} B_g t}{\phi h C_t r_e^2} \quad (2-2-4)$$

式中　q_{sc}——拟稳态条件下气井产量,$10^4 \text{m}^3/\text{d}$;

$\bar{\mu}$——气体黏度,$\text{mPa} \cdot \text{s}$;

B_g——气体体积系数,m^3/Sm^3;

K——渗透率,mD;

h——储层有效厚度,m;

r_e——泄流半径,m;

ϕ——孔隙度,%;

C_t——总体压缩系数,MPa^{-1};

t——时间,h。

若考虑流体物性不随时间 t 变化,则式(2-2-4)对时间 t 求导可得:

$$\frac{dp}{dt} = -\frac{1.327 \times 10^{-2} q_{sc} B_g}{\phi h C_t r_e^2} = \text{Constant} \quad (2-2-5)$$

由式(2-2-5)可知,当气井进入拟稳定渗流状态时,地层各点压降速率相同,即在不同时刻压降漏斗是一系列平行曲线,近似认为视井口压力与视地层压力变化特征相同,则根据视井口压力与累计产气量的关系曲线可确定直线段斜率,然后平移至视原始地层压力点,该直线与横轴的交点即为单井控制动态地质储量。

流动物质平衡法最大的优点是不需要关井测试资料,但要求气井工作制度相对稳定且进入拟稳定流动阶段。因此,该方法适合于工作制度稳定的中高产井。其难点是判断气井是否进入拟稳态及选择合适的平稳压力段。在实际应用中,加入采气曲线,辅助选取压力段,并选取多个不同工作制度下流动稳定段进行综合评价,可以减小误差。

3. 产量不稳定分析法

产量不稳定分析法通过引入拟等效时间,将变压力—变产量生产数据等效为恒压力或恒流量数据,再根据单井的生产历史数据与典型图版进行拟合,进而计算单井控制储量的方法。目前常用的产量不稳定分析法主要包括 Fetkovich 法、Blasingame 法、Transient 法和 Agarwal - Gardner 法等。其中 Blasingame 法考虑了流体的 PVT 变化,适用于径向流、裂缝、水平井、拟稳态水驱和多井模型,可用于分析不稳定径向流变井底流压生产的情形,应用范围最为广泛。因此,本文以 Blasingame 法为例,介绍产量不稳定分析法的原理。

对于定容封闭气藏,有:

$$\frac{\bar{p}}{Z} = \frac{p_i}{Z_i}\left(1 - \frac{G_p}{G}\right) \quad (2-2-6)$$

式中　G, G_p——原始地质储量和目前累计采出量,10^8m^3;

$p_i, \bar{p}$——原始压力和目前压力,MPa;

$Z_i, \bar{Z}$——原始条件下的偏差系数和目前压力下的偏差系数。

式(2-2-6)对时间 t 求导可得：

$$\frac{\mathrm{d}}{\mathrm{d}t}\left(\frac{\bar{p}}{Z}\right) = \frac{-p_i q}{Z_i G} \qquad (2-2-7)$$

引入拟压力 $p_p = 2\int_{p_p}^{\bar{p}} \frac{p}{\mu Z}\mathrm{d}p$ 和拟等效时间 $t_{ca} = \frac{\mu_i c_{gi}}{q}\int_0^t \frac{q}{\mu c_g}\mathrm{d}t$，式(2-2-7)变为：

$$\frac{\mathrm{d}\bar{p}_p}{\mathrm{d}t} = \frac{-\dfrac{p_i q}{Z_i G} \times \dfrac{2\bar{p}}{\mu Z}}{\dfrac{\bar{p}}{Z} \cdot c_g} = -\frac{2p_i q}{Z_i \bar{\mu} c_g G} \qquad (2-2-8)$$

式中 q——日产气量，$\mathrm{m^3/d}$

C_g——气藏的气体压缩系数，$\mathrm{MPa^{-1}}$。

对式(2-2-8)分离变量求积分得：

$$\frac{p_{pi} - \bar{p}_p}{q} = \frac{2p_i}{(\mu c_g Z)_i G} t_{ca} \qquad (2-2-9)$$

式中 p_{pwf}——拟气井井底流压，MPa

r_{wa}——井筒半径，m。

同时，对于圆形封闭边界中心一口单相拟稳定流动气井，有：

$$\frac{\bar{p}_p - p_{pwf}}{q} = \frac{1.291\times10^{-3}T}{Kh}\frac{1}{2}\ln\left(\frac{r_e}{r_{wa}} - \frac{3}{4}\right) \qquad (2-2-10)$$

式(2-2-9)和式(2-2-10)联立求解，得：

$$\frac{\Delta p_p}{q} = \frac{2p_i}{(\mu c_g Z)_i G} t_{ca} + \frac{1.291\times10^{-3}T}{Kh}\frac{1}{2}\ln\left(\frac{r_e}{r_{wa}} - \frac{3}{4}\right) \qquad (2-2-11)$$

令

$$m_a = \frac{2p_i}{(\mu c_g Z)_i G}, \quad b_{a,pps} = \frac{1.291\times10^{-3}T}{Kh}\frac{1}{2}\ln\left(\frac{r_e}{r_{wa}} - \frac{3}{4}\right)$$

则：

$$\Delta p_p/q = m_a t_{ca} + b_{a,pss} \qquad (2-2-12)$$

由式(2-2-12)可知，$\Delta p_p/q$ 与 t_{ca} 在直角坐标系中呈直线关系。因此，根据重整压力 $\Delta p_p/q$ 与拟等效时间 t_{ca} 关系曲线的直线段斜率 m_a 可反求气井单井控制动态储量 G，其表达式为：

$$G = \frac{2p_i}{(\mu c_g Z)_i m_a} \qquad (2-2-13)$$

该方法仅需根据气井的常规生产动态资料(井口产量、井口压力)开展分析，并且很大程度上能够适应气井工作制度的改变，对低渗非均质气藏具有较好的适用性，并且已经由专业公司开发了行业大规模应用的 RTA 和 TOPAZE 等气藏动态专业分析软件。因此，当气井进入拟稳定渗流状态后，利用产量不稳定分析法可准确评价气井动态储量。

(二)陕224井区动储量评价

根据陕224井区气井生产动态特征和区块地层压力测试资料,主要采用压降法、产量不稳定分析法计算库区单井动储量,并通过单井动储量累加和气藏整体压降曲线分析两种方法,计算井区整体动储量。

1. 单井压降法

通过单井实测地层压力建立压降曲线卡片,计算陕224井区3口井动储量。评价3口井控制动态储量为$2.99 \times 10^8 \sim 3.61 \times 10^8 m^3$,合计$10.07 \times 10^8 m^3$。图2-2-6为SCK-8井压降法动储量评价曲线图,评价该井控制动态储量为$3.47 \times 10^8 m^3$。

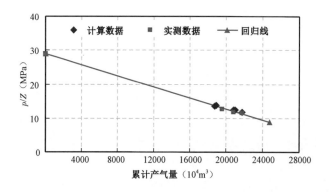

图2-2-6　SCK-8井压降法动储量评价曲线图

2. 产量不稳定分析法

利用RTA软件,根据图版诊断及生产史拟合确定气井泄流范围内的属性参数(渗透率、泄流半径等),评价陕224井区3口直井动储量为$3.08 \times 10^8 \sim 3.67 \times 10^8 m^3$,合计$10.31 \times 10^8 m^3$。图2-2-7为SCK-8井RTA历史拟合曲线图,评价该井控制动态储量为$3.67 \times 10^8 m^3$。

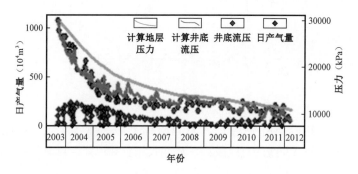

图2-2-7　SCK-8井产量不稳定分析法历史拟合曲线图

3. 区块整体压降法

根据单井测压资料,计算区块不同时间的平均地层压力,建立陕224井区的整体压降曲线(图2-2-5),评价井区动态储量为$10.4 \times 10^8 m^3$。

根据上述评价结果,综合确定陕224井区动态储量为$10.4 \times 10^8 m^3$。

第三节　建库地质方案设计

一、功能定位

地下储气库是大型输气干线系统配套不可缺少的重要组成部分,已经成为天然气消费大国储存、采集、调配天然气的基础设施。2016 年,我国国内天然气产量 $1371 \times 10^8 \mathrm{m}^3$,其中长庆气区产量 $365 \times 10^8 \mathrm{m}^3$,占比 26.6%。长庆气区作为中国最大的天然气生产基地,处于我国陆上天然气管网的枢纽中心位置,亟须开展地下储气库的建设,保证平稳供气和国家战略需要。长庆油田陕 224 储气库位于陕西省榆林市,是 2010 年启动建设的国家商业储备库,具备为北京、西安等周边地区季节调峰、应急供气和战略储备等功能。

二、气井注采能力

根据气井二项式产能方程和井筒管流公式,绘制采气时流入、流出曲线和注气时注入、吸收曲线,结合合理生产压差、冲蚀流量和最小携液流量评价结果,综合确定气井的注入和采出能力。靖边气田马五$_{1+2}$气藏整体低渗,为提高陕 224 储气库气井注采能力,注采井设计为大井眼水平井。由于该井区无水平井生产历史,通过开展直井注采能力评价,结合水平井与直井产能倍比关系研究,确定水平井注采能力[9]。

(一)直井注采能力评价

1. 储层流出及吸收能力评价

气井注采过程中,储层流出与吸收能力主要根据气井产能方程来计算。常用的气井产能方程主要有二项式方程和指数式方程两种,陕 224 储气库主要根据二项式产能方程评价储层流出和吸收能力[10]。

二项式产能方程是由渗流力学方程推导而来,具有坚实的理论基础,应用广泛。其方程为:

$$p_r^2 - p_{wf}^2 = Aq_g + Bq_g^2 \qquad (2-3-1)$$

式中　p_r——气藏平均地层压力;

p_{wf}——井底流压;

Q_g——井口产量,$10^4 \mathrm{m}^3/\mathrm{d}$。

由式(2-3-1)可推导出气井无阻流量和井底流压计算公式:

$$q_{AOF} = \frac{\sqrt{A^2 + 4B(p_r^2 - 0.101^2)} - A}{2B} \qquad (2-3-2)$$

$$p_{wf} = \sqrt{p_r^2 - Aq_g - Bq_g^2} \qquad (2-3-3)$$

式中　q_{AOF}——气井无阻流量,$10^4 \mathrm{m}^3/\mathrm{d}$;

A——达西流动系数,也叫层流系数;

B——非达西流动系数,也叫紊流系数。

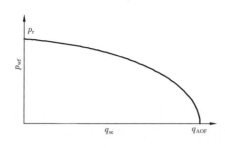

图 2 - 3 - 1　气井的流入动态曲线示意图

图 2 - 3 - 1 是一口气井的流入动态曲线示意图,当井底流压 $p_{wf}=0$ 时,流入动态曲线与横轴的交点即为气井无阻流量 q_{AOF};当 $q_g=0$ 时,流入动态曲线与纵轴的交点为当前地层压力 p_r。

如果气井开展过多点产能试井,可根据试井资料建立气井的产能方程。但长庆气区已开发气田均为低渗透—致密气藏,大部分气井未开展过多点产能试井,主要根据试气、试采和生产动态资料,通过理论推导建立气井二项式方程。

当井底流压为大气压时,气井二项式产能方程表达式为:

$$p_r^2 - (0.101)^2 = Aq_{AOF} + Bq_{AOF}^2 \qquad (2-3-4)$$

令:

$$q_D = \frac{q_g}{q_{AOF}}; p_D = \frac{p_r^2 - p_{wf}^2}{p_r^2}; \alpha = \frac{A}{A + Bq_{AOF}}$$

可得:

$$A = \frac{p_r^2}{q_{AOF}} + \frac{p_r^2(q_{AOF} - q_g) - p_{wf}^2 q_{AOF}}{q_g(q_{AOF} - q_g)} \qquad (2-3-5)$$

$$B = \frac{p_r^2 q_g - (p_r^2 - p_{wf}^2)q_{AOF}}{q_{AOF}q_g(q_{AOF} - q_g)} \qquad (2-3-6)$$

陕 224 井区共试气 3 口,利用试气压力和产量数据,根据式(2 - 3 - 5)和式(2 - 3 - 6)计算 3 口井的二项式产能方程,结果见表 2 - 3 - 1。

表 2 - 3 - 1　陕 224 井区气井试气参数及产能方程系数评价结果表

井号	试气参数						二项式产能方程	
	油压（MPa）	套压（MPa）	静压（MPa）	流压（MPa）	日产气量（$10^4 m^3$）	无阻流量（$10^4 m^3/d$）	系数 A	系数 B
SCK - 8	22.8	23.2	30.4	28.4	17.2	65.3	4.39	0.15
SCK - 11	21.5	22.1	29.0	27.9	19.7	114.6	2.23	0.04
SCK - S1	22.4	23.0	31.8	28.3	23.8	61.2	4.17	0.20

2. 井筒管流计算

由于陕 224 井区马五$_1$气藏无边底水,生产过程中水气比约 0.1m^3/10^4m^3,实际计算过程中可以认为井筒内为干气气柱。对于干气气柱,井口与井底之间的压力计算,常用方法有平均温度平均偏差系数法和 Cullender - Smith 理论方法,在陕 224 储气库气井注采能力评价过程中主要采用 Cullender - Smith 方法。

对于流动气柱,稳定流动能量方程式为:

$$\int_{p_{tf}}^{p_{wf}} \frac{\dfrac{ZT}{p}}{1 + \dfrac{1.324 \times 10^{-18} f(q_g TZ)^2}{d^5 p^2}} \mathrm{d}p = \int_0^H 0.03415 \gamma_g \mathrm{d}h \qquad (2-3-7)$$

式中 f——摩阻系数,无量纲;

d——油管直径,m;

γ_g——天然气相对密度,无量纲。

等式左边分子分母同乘以 $\left(\dfrac{p}{ZT}\right)^2$,得:

$$\int_{p_{tf}}^{p_{wf}} \frac{\dfrac{p}{ZT}}{\left(\dfrac{p}{ZT}\right)^2 + \dfrac{1.324 \times 10^{-18} f q_g^2}{d^5}} \mathrm{d}p = \int_0^h 0.03415 \gamma_g \mathrm{d}h \qquad (2-3-8)$$

分别令:

$$F_1 = \frac{p}{TZ} \qquad (2-3-9)$$

$$F_2^2 = \frac{1.324 \times 10^{-18} \times f q_g^2}{d^5} \qquad (2-3-10)$$

$$I = \frac{F_1}{F_1^2 + F_2^2} \qquad (2-3-11)$$

$$\int_{p_{tf}}^{p_{wf}} I \mathrm{d}p = 0.03415 \gamma_g h = \frac{1}{2}\big[(p_2-p_1)(I_2-I_1) + \cdots + (p_n - p_{n-1})(I_n - I_{n-1})\big] \qquad (2-3-12)$$

式(2-3-12)中,$I_1, I_2, \cdots, I_n$ 是各压力值相对应的梯形法则分段值。

将井深分为两段,即井口至中点、中点至井底,可得:

$$2 \times 0.03415 \gamma_g h = (p_{mf} - p_{tf})(I_{mf} + I_{tf}) + (p_{wf} - p_{mf})(I_{wf} + I_{mf}) \qquad (2-3-13)$$

对于上段油管:

$$(p_{mf} - p_{tf})(I_{mf} + I_{tf}) = 0.03415 \gamma_g h \qquad (2-3-14)$$

对于下段油管:

$$(p_{wf} - p_{mf})(I_{wf} + I_{mf}) = 0.03415 \gamma_g h \qquad (2-3-15)$$

式中 p_{tf}, p_{mf}, p_{wf}——分别为井口、中点和井底的压力,MPa;

T_{tf}, T_{mf}, T_{wf}——分别为井口、中点和井底的温度,K;

由式(2-3-14)和式(2-3-15)可得:

$$p_{mf} = p_{tf} + \frac{0.03415 \gamma_g h}{I_{mf} + I_{tf}} \qquad (2-3-16)$$

$$p_{wf} = p_{mf} + \frac{0.03415\gamma_g h}{I_{mf} + I_{wf}} \qquad (2-3-17)$$

对于 p_{mf} 和 p_{wf} 的计算,分别采用迭代法,直到满足精度要求。

Cullender – Smith 计算方法步骤简单,结果精度高。根据 Cullender – Smith 理论编写迭代计算程序计算井筒压降,可以得出气井采出能力的井筒流出曲线和注入时井筒注入曲线。

3. 其他考虑因素

1)合理生产压差

气井生产压差,需要考虑储层条件、井口最低压力、生产能力等因素综合确定。尤其在需要发挥最大生产能力的中低压期,生产压差应尽量选取高限值,以获得储气库采气井最大生产能力,实现少井高产的目的[11]。

以长庆气区某区块为例,试气井统计生产压差为 0.55 ~ 18.42MPa,平均 5.52MPa,气井没有出砂,证实储层可以满足较大压差生产。根据气井二项式方程,绘制生产压差与日产气量关系曲线,生产压差和产量呈现正向曲线关系,如图 2 – 3 – 2 所示。从产量与生产压差的匹配性考虑,合理生产压差应该控制在 6.0MPa 以下。若压差继续放大,则产量增速降缓。

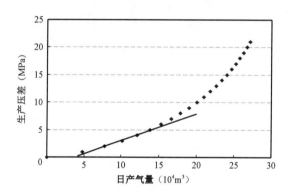

图 2 – 3 – 2 某井区生产压差与日产气量关系曲线

为了获取气井较高产量采取适当放大生产压差的措施,因此气井中、高压阶段生产压差最大可到 10MPa。陕 224 储气库设计地面系统压力约 6.4MPa,考虑采气过程的井筒压力损失,当地层压力降至 20MPa 以下时,气井生产压差将逐渐减小;且地层压力越低,生产压差越小,气井产量越低。在地层压力 10MPa 时生产压差只有 2.8MPa。

2)最小携液流量

气井的生产能力还要考虑管柱携液问题,但储气库生产井一般单井生产能力较高,运行气量应该远大于临界携液流量。最小携液产气量采用 Turner 公式进行预测[12]:

$$q_g = 2.5 \times 10^4 \frac{p_{wf} v_g A}{TZ} \qquad (2-3-18)$$

其中

$$v_g = 1.25 \times \left[\frac{\sigma(\rho_L - \rho_g)}{\rho_g^2}\right]^{0.25} \qquad (2-3-19)$$

$$\rho_{\text{g}} = 3.4844 \times 10^3 \frac{\gamma_{\text{g}} p_{\text{wf}}}{ZT} \qquad (2-3-20)$$

式中 A——油管内截面积$(A = \pi d^2/4)$，m^2；

$\quad\quad v_{\text{g}}$——气体流速；

$\quad\quad \rho_{\text{L}}$——液体密度，$\text{kg/m}^3$；

$\quad\quad \sigma$——界面张力，mN/m。

3）冲蚀流量

储气库注采井采用大排量注采，按照气体冲蚀理论，当气体流速超过冲蚀流速，油管腐蚀加速，因此气井的合理注采气量应该小于管柱临界冲蚀流量。临界冲蚀流量计算采用 Beggs 公式，计算公式为[13]：

$$q_{\text{g}} = 40538.17 \times d^2 \left[p_{\text{wh}}/(Z \cdot T \cdot \gamma_{\text{g}}) \right]^{0.5} \qquad (2-3-21)$$

4. 直井注采能力评价

1）采气能力评价

根据上述理论计算方法，选取井底为节点，以地层到井底为采气系统流入段，井底到井口为采气系统流出段，绘制流入、流出曲线，确定直井的采出能力。

以陕 224 储气库 SCK – S1 井为例，根据垂直管流计算公式，在给定井口压力 6.4MPa 时，计算不同油管管径(d)的流出曲线；并根据二项式产能方程，计算不同地层压力条件下，不同生产气量时的井底流压，即流入曲线。SCK – S1 井流入、流出曲线如图 2 – 3 – 3 所示。

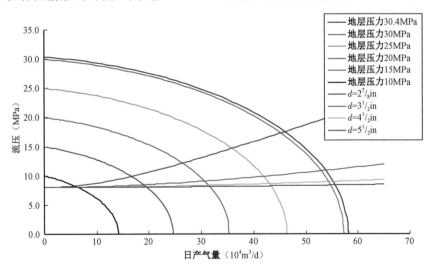

图 2 – 3 – 3 SCK – S1 井不同油管下的流入与流出曲线（井口压力 6.4MPa）

考虑气井注采能力、区块地质特征等相关参数，同时结合钻采工艺，确定水平井采用 5½in 油管、直井采用 2⅞in 油管。综合生产压差和冲蚀流量评价结果，绘制流入、流出曲线如图 2 – 3 – 4 和图 2 – 3 – 5 所示。根据流入流出曲线协调点数据，评价 SCK – S1 井在井口压力 6.4MPa、油管尺寸 2⅞in 和 5½in、不同地层压力条件下协调产量如图 2 – 3 – 6 所示。分别评价库区3口直井的采气能力,可得到不同地层压力条件下库区直井的平均生产能力。

2)注气能力评价

同样选取井底为节点,以井口到井底为注气系统的流入段,即注入曲线;井底到地层为注气系统的流出段,即地层吸收曲线。

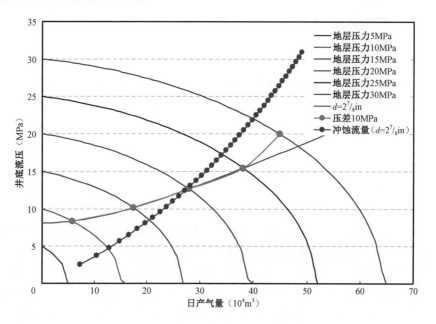

图 2-3-4　SCK-S1 井流入与流出曲线

(井口压力 6.4MPa,油管管径 2⅞in)

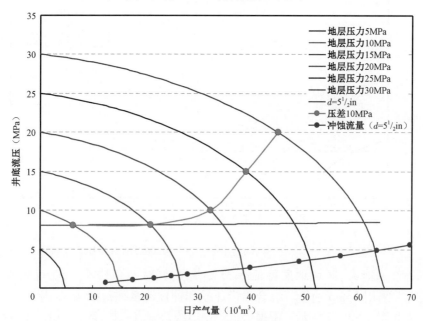

图 2-3-5　SCK-S1 井流入与流出曲线

(井口压力 6.4MPa,油管管径 5½in)

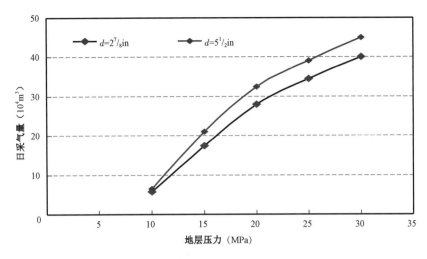

图 2 - 3 - 6　SCK - S1 井不同油管管径下采出能力与地层压力关系曲线
（井口压力 6.4MPa）

采用 Cullender - Smith 方法对井筒段的流入动态进行分析，分别计算 $2\frac{7}{8}$in，3in，$3\frac{1}{2}$in，$4\frac{1}{2}$in 和 $5\frac{1}{2}$in 管径，井口压力 28MPa（地面压缩机到井口最大压力）条件下，不同注气量下对应的井底流压，绘制注入曲线。借鉴国内已建储气库经验，假设地层的采气能力和注气能力相同，将二项式方程的系数 A 和 B 直接用于计算井底流入地层的流出能力，绘制不同地层压力条件下地层吸收曲线[14]。

以 SCK - S1 井为例，井口注气压力定为 28MPa，注入、吸收曲线如图 2 - 3 - 7 所示，协调点即为不同尺寸、不同地层压力条件下的注气能力。

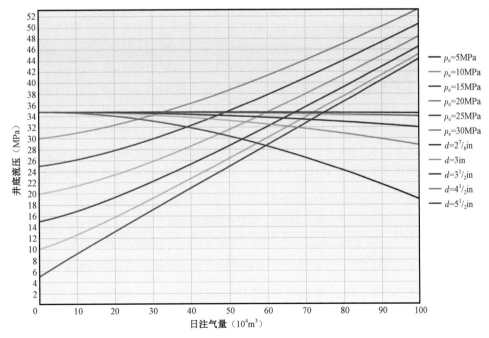

图 2 - 3 - 7　SCK - S1 井注入吸收曲线（井口压力 28MPa）

分析井口压力28MPa时,2⁷⁄₈in和5½in油管注入曲线与不同地层压力条件下吸收曲线的协调产量(图2-3-8)。根据3口直井注气能力评价结果,可得到不同地层压力条件下库区直井的平均注气能力。

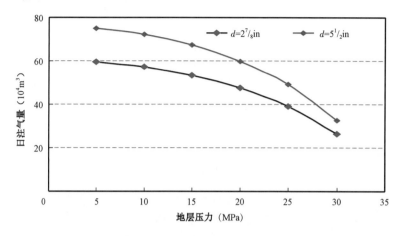

图2-3-8 SCK-S1井注入能力与地层压力关系曲线(井口压力28MPa)

(二)水平井注采能力评价

1. 水平井与直井产能对比

为提高气井注采能力,陕224储气库建设主要采用水平井,为了建立水平井与直井的产能关系,评价储气库建设区水平井的注采能力,主要从理论计算、气田水平井生产动态类比和水平井注采先导试验三个方面进行分析。

1)理论计算方法

根据国内外研究成果,目前水平气井产能计算方法主要有Renard方法、Gier方法、Joshi方法、Borisov方法、李晓平方法等[15,16]。根据陕224井区实际参数(表2-3-2),采用上述理论计算公式,计算不同水平段长度水平井与直井的产能倍比,结果如图2-3-9及表2-3-3。分析可以看出,当水平段有效长度为1500m时,不同理论公式计算水平井与直井的产能倍比为3.2~3.4倍,平均3.3倍。

2)储气库水平井注采试验类比

长庆气区榆林南注采试验区2口注采水平井已完成2个周期的注采实验,两口水平试验井注气量为直井理论计算注采能力的3.5~3.8倍。实际注采动态与理论计算吻合,如图2-3-10和图2-3-11所示。

表2-3-2 水平井基础参数表

水平井段长度 (m)	地层天然气黏度 (mPa·s)	马五₁有效厚度 (m)	渗透率 (mD)	K_h/K_v
变化	0.0219	5.4	1.17	10
原始地层压力 (MPa)	井底半径 (m)	天然气压缩因子	地层温度 (℃)	表皮系数
30.4	0.1	1.035	110	0

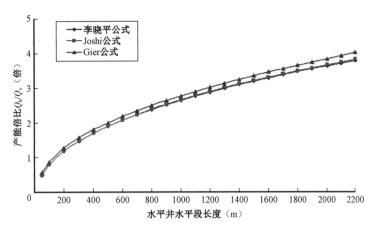

图 2 - 3 - 9 不同长度水平井与直井的产能倍比

表 2 - 3 - 3 不同产能计算公式产能倍比表

水平段长度(m)		1000	1500	2000
产能倍比 （倍）	李晓平公式	2.7	3.2	3.6
	Joshi 公式	2.7	3.2	3.7
	Gier 公式	2.8	3.4	3.9

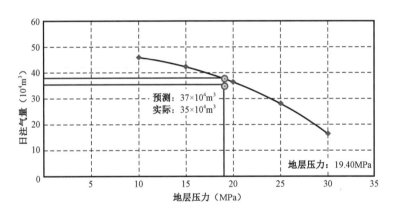

图 2 - 3 - 10 YCK - 1H 注入量与理论曲线注入气量变化曲线对比图

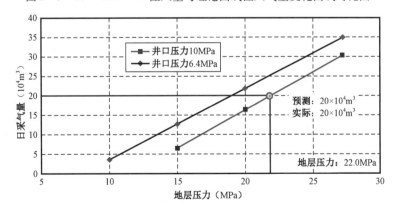

图 2 - 3 - 11 YCK - 1H 采出量与理论曲线采气量变化曲线对比图

3）气田水平井生产动态类比

选择靖边气田下古生界已投产水平井与邻近直井产能进行对比，从而类比陕224井区水平井与直井的产能及产量的倍比关系。统计靖边气田16口投产下古生界水平井与邻近直井的无阻流量和产量，分析水平段长度与产能及产量倍比关系（图2-3-12和图2-3-13）。根据分析结果，预测水平段长度1500m时，陕224井区水平井与直井产能倍比为3.7~3.8倍。

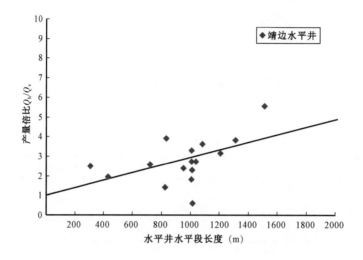

图2-3-12 产能倍比与水平段长度关系

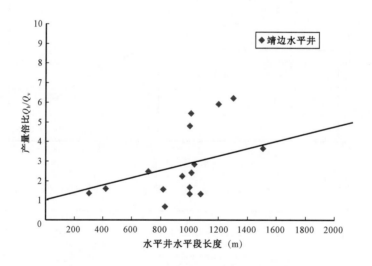

图2-3-13 产量倍比与水平段长度关系

2. 水平井注采能力预测

综合理论公式计算、榆林南储气库水平井注采试验和靖边气田水平井类比分析，预测陕224储气库水平井为直井注采能力的3.8倍。根据不同地层压力、不同油管尺寸条件下直井的注采能力评价结果，预测陕224井区平均水平井采气能力随地层压力变化曲线如图2-3-14所示，注入能力随地层压力变化曲线如图2-3-15所示。

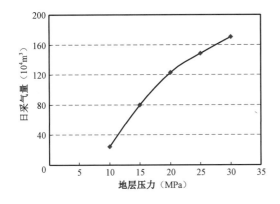
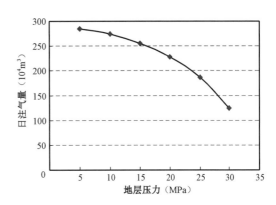

图 2-3-14 水平井采气能力随地层压力变化曲线
（井口压力 6.4MPa，油管管径 5½in）

图 2-3-15 水平井注入能力随地层压力变化曲线
（井口压力 28MPa，油管管径 5½in）

三、库容参数

储气库的上限压力、下限压力、库容量、工作气量、注采井数等关键运行参数指标相互影响，需要开展多参数指标优化研究[17]。

（一）上限压力确定

上限压力是指储气库运行能够达到的最大地层压力，气库上限压力确定的主要原则是不破坏地层结构和储气库密闭性，同时兼顾工作气量与气井产能。储气库上限压力的提高，一方面可增加库容量，另一方面可提高气井产能，增强气库的调峰能力。但上限压力过高，会造成地面压缩机的工作负荷增大，购置及运行费用增加，同时，矿场配套设施压力等级升高，安全隐患相应增大。

根据封闭性研究，为避免造成上覆盖层封闭失效，鄂尔多斯盆地低渗透碳酸盐岩气藏储气库以原始地层压力作为压力上限，尽量维护气藏的原始状态，以保证气库密封性并实现地面设施的有效利用。因此，陕 224 储气库设计上限压力为气藏原始地层压力 30.4MPa。

（二）库容量确定

库容量是地下气库所能存储的标准状态下的最大天然气体积，是指气库达到最高允许压力时储存的天然气量。库容量是地下储气库工作气量设计的前提和基础，根据气藏原始动态储量评价结果，结合设计的气库上限压力，确定气库库容量。当储气库运行上限压力等于气藏原始地层压力时，气库库容量等于气藏的动态储量。陕 224 储气库设计上限压力为气藏原始地层压力，则气库的库容量为 $10.4 \times 10^8 m^3$。

（三）下限压力及工作气量设计

下限压力是储气库运行能够达到的最低地层压力，当库容量一定时，气库下限压力越小，工作气量越大，平均单井产能降低，随之需投产井数增多，投资费用增加。确定储气库下限压力主要需要考虑以下因素：（1）具备一定的工作气规模，以提高气库运行效率；（2）保证气库采气末期最低调峰能力和维持单井最低生产能力；（3）具有合理的投入和产出效益。

根据不同下限压力与工作气量比例,设计 22.7MPa、19.1MPa、16.8MPa、15.3MPa 和 14.2MPa 等 5 套不同下限压力方案,对应工作气量为 $2.4 \times 10^8 m^3$、$3.6 \times 10^8 m^3$、$4.4 \times 10^8 m^3$、$4.9 \times 10^8 m^3$ 和 $5.3 \times 10^8 m^3$,各方案对应库容参数见表 2-3-4,做出井数与工作气量关系曲线如图 2-3-16 所示。A 点为工作气量与井数关系曲线的拐点,当曲线达到拐点后,随着井数的增加,工作气量的增加幅度明显减小。此时,拐点处对应的井数为储气库最佳生产井数,对应工作气量即为该储气库合理工作气量。由于储气库需满足一定单井产量、工作气量以及单井控制储量要求,初步设计陕 224 储气库下限压力 16.8MPa,工作气量 $4.4 \times 10^8 m^3$,建设工作量新钻 3 口注采水平井[18]。

表 2-3-4　陕 224 井区库区不同工作气量方案指标对比表

方案	方案 1	方案 2	方案 3	方案 4	方案 5
库容量($10^8 m^3$)	10.4	10.4	10.4	10.4	10.4
工作气量($10^8 m^3$)	2.4	3.6	4.4	4.9	5.3
气垫气量($10^8 m^3$)	8.0	6.8	6.0	5.5	5.1
工作气比例(%)	22.78	34.87	42.36	47.46	51.16
上限压力(MPa)	30.4	30.4	30.4	30.4	30.4
下限压力(MPa)	22.7	19.1	16.8	15.3	14.2
单井产量($10^4 m^3/d$)	197.4	151.1	122.4	102.8	88.7
水平井数(口)	1	2	3	4	5
单井注入量($10^4 m^3/d$)	118.4	90.7	73.4	61.7	53.2
平均单井控制储量($10^8 m^3$)	10.4	5.2	3.5	2.6	2.1

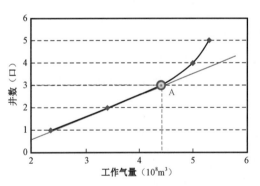

图 2-3-16　工作气量与井数关系示意图

若陕 224 储气库工作气量设计为 $4.4 \times 10^8 m^3$,则工作气比例为 42.3%。由于陕 224 马五$_1$气藏为无边底水的定容弹性驱动气藏,从世界范围气藏型储气库看,工作气比例偏低。同时考虑到陕 224 储气库的低渗透、低丰度的实际情况,最终将下限压力优化为 15.0MPa,工作气量为 $5.0 \times 10^8 m^3$。为了保证设计目标的达成,设计储气库运行初期利用 3 口老井作为采气井,后期根据评价结果,转做监测井或封堵;同时,考虑到注采水平井产能的不确定性,新钻备用采气直井 2 口,方案优化设计指标见表 2-3-5。

表 2-3-5　陕 224 储气库优化设计方案指标

参数	数值	参数	数值
库容量($10^8 m^3$)	10.4	水平井单井产量($10^4 m^3/d$)	80~120(平均107)
工作气量($10^8 m^3$)	5.0	水平井数(口)	3

续表

参数	数值	参数	数值
垫气量($10^8 m^3$)	5.4	老井单井产量($10^4 m^3/d$)	15
工作气比例(%)	48.1	老井井数(口)	3
上限压力(MPa)	30.4	新钻直井产量($10^4 m^3/d$)	26
下限压力(MPa)	15.0	新钻直井井数(口)	2
水平井单井注入量($10^4 m^3/d$)	83.3		

四、注采井网

根据陕224储气库方案指标优化设计结果,需新钻注采水平井3口,备用采气直井2口。由于库区周边或致密或发育侵蚀沟槽,中部区域储层物性较好、连通性也得到证实,为提高储层钻遇率和气井注采能力,于库区中部设计部署3口注采水平井;考虑到节约地面投资和地面环境(村庄和基本农田广泛分布)等因素的影响,采用丛式水平井组部署;根据气井产能论证结果,设计水平段长度1500m,水平井靶前距500m。考虑井网控制程度,在气库的西侧和东北部初步部署备用采气直井两口,兼顾地质评价功能,井网如图2-3-17所示。

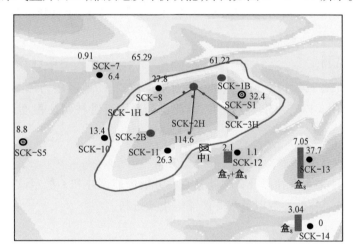

图2-3-17 陕224储气库井位部署示意图

五、建库运行方案

(一)运行方式设计

陕224储气库采出天然气主要用于保障北京及长庆气区周边城市用气为主。根据长庆气区历年天然气的产销运行情况,受市场季节性用气的变化,每年4—10月为用气相对低谷期,11月到次年3月冬季用气量大幅度增加。因此,陕224储气库采出气以保证冬季调峰用气为主(主要是冬季居民用气量大增)。要达到调峰和应急供气的目的,须对陕224储气库先注气后采气,这些决定了储气库必须在当年11月至次年3月大量采气以保障供气;而注气时间选在非采气调峰期,即每年4月至10月。

（二）气库运行周期设计

借鉴大张坨地下储气库设计方案，同时考虑陕 224 储气库马五$_1$气藏的物性较差，储气库地层压力平衡时间会较长，因此设计采气期 120 天，注气期 200 天。采气期、注气期和关井维护期时间安排如下：

采气期为每年的 11 月 15 日至次年的 3 月 15 日，共 120 天。

注气期为每年的 4 月 16 日至该年的 10 月 31 日，共 200 天。

关井维护期为每年的 3 月 16 日至 4 月 15 日，11 月 1 日至 11 月 14 日，共 45 天。

关井维护期停止采气和注气，用于气库设施维护检修、气库压力平衡、资料录取和关井测压等工作。

六、监测方案

地下储气库是一项系统工程，为了保障地下储气库长久、安全、有效运行，及时掌握储气库运行动态，必须建立系统化、永久化、动态化的监测体系，重点监测储气库的密封性、运行动态参数等，而科学、合理、有效地布置储气库监测井系统，是实现这一目标最重要最直接的方式。

储气库监测主要对储气库建设前、建设中及建设后的注采运行过程实施监测，准确地获取储气库各阶段各项动静态资料，为气库建设和优化运行提供第一手资料，以保障储气库安全平稳运行。

（一）建设前监测

储气库建设前，陕 224 井区开展整体关井测压，落实气库地层压力和剩余垫气量。此外，储气库运行初期利用 3 口老井作为采气井，因此也开展了套管柱腐蚀程度及固井质量检测等工作。

（二）新建井试气试采

选取 3 口新钻注采水平井以及 2 口新钻直井开展产能试井和不稳定试井，获取流体性质、压力和温度分布、储层物性参数以及气井产能等生产资料。

（三）临时注采试验监测

为评价单井注气能力，监测采气过程中酸气组分变化，分析酸性气体变化规律，2012 年计划利用靖边气田已建净化厂，开展 SCK－8 井注采试验，为陕 224 储气库及后续酸性气藏建库提供依据。

SCK－8 井作为注采井，依次开展注气(90 天)、关井平衡(12 天)、定压放产(180 天)注采试验；SCK－11 井、SCK－S1 井和 SCK－10 井作为同层监测井，在注采过程中监测目的层及井区边部压力变化情况；SCK－7 井和 SCK－12 井作为顶部盖层监测井，在注采过程中监测盖层的密封性。具体监测工作安排如下。

1. SCK－8 井监测设计

注入阶段测试流压 6 次，注气期间每 10 天开展 1 次注入气气质全分析，注入过程中进行一次气井吸收剖面测试；压力平衡阶段在关井期末开展地层静压测试 1 次；定压放产阶段开展流压测试 11 井次,采气期间每 5 天开展 1 次产出气气质全分析和产出水水质分析,采气过程中进行一次产气剖面测试。

2. 邻井压力监测

SCK – 11 井和 SCK – S1 井目前压力恢复试井结束后继续关井,注气开始时下压力计连续监测井底压力及变化情况,SCK – 7 井、SCK – 10 井和 SCK – 12 井关井,监测井口压力。

(四)注采运行监测

1. 气库封闭性监测

为了落实陕 224 储气库储层周边及顶部盖层的封闭性,在储气库周边优选 3 口老井作为监测井,其中 SCK – 10 井用来监测储气库侧向封闭性,要求在马五$_3^3$中部射孔;SCK – 12 井作为上覆地层监测井,主要用来监测盒$_8$气层变化情况,该井盒$_7$和盒$_8$小层已经射孔,要求封堵下古生界射开层位;SCK – 7 井作为上覆地层监测井,该井马五$_2^2$和马五$_4^1$已经射孔,要求封堵下古生界射开层位后,在本溪组射孔。具体井位如图 2 – 3 – 17 所示。

2. 气质组分监测

为准确评价陕 224 储气库注采运行过程中酸性气体组分含量变化规律,对气井注入、采出气体进行气质组分监测。

注气期:3 口水平注采井每 30 天开展 1 次注入气气质全分析。

采气期:3 口水平井、3 口老直井和 2 口新钻直井每 10 天开展 1 次产出气质全分析。

3. 压力监测

为分析注采过程中地层压力的变化规律和平面分布特征,落实气井注采能力和库容动用情况,计划注采运行阶段开展相关流压和地层压力等测试。

注气期:3 口注采水平井每 70 天开展 1 次井底流压测试,3 口老直井和 2 口新钻直井在注气期间开展 3 次地层静压测试。

关井维护期:3 口水平井、3 口老直井和 2 口新钻直井在每年关井平衡压力和维护期开展 2 次地层静压测试。

采气期:3 口水平井、3 口老直井和 2 口新钻直井每 40 天开展 1 次井底流压测试。

七、推荐方案部署与实施建议

(一)推荐方案部署

根据陕 224 储气库运行参数的优化结果,库区需新建注采水平井 3 口,新钻采气直井 2 口。储气库建设井的实施按照以下顺序进行:2012 年新建 1 口注采水平井,即 SCK – 1H 井,评价陕 224 井区马五$_1$气藏水平井注采能力;2013 年新建 2 口注采水平井,即 SCK – 2H 井和 SCK – 3H 井;2014 年新钻 2 直井,即 SCK – 1B 井和 SCK – 2B 井。

方案设计上限工作压力 30.4MPa,下限工作压力 15.0MPa,工作气量 $5.0 \times 10^8 m^3$;注气阶段 3 口水平井注气,采气阶段 3 口水平井、2 口备用直井和 3 口老井(初期利用为采气井,后期根据井身质量评价结果转为监测井或进行封堵)采气。

(二)实施要求和建议

为取得准确可靠的动态与静态资料,要求施工队伍严格按照各项资料录取标准取全、取准资料。

库区三口老井按照气田开发井建设,且投产时间长,需要开展固井质量和管柱腐蚀重新评估,先修井再利用;储气库进入循环注采阶段,应密切监测3口老井井筒质量状况,必要时进行封堵。

方案设计利用老井 SCK-8 开展注采试验,因此注入试验过程中井口注入压力应该从低向高逐步升高,井口最大注入压力不超过 20MPa。

由于该区 H_2S 含量较高,储气库建设和注采运行过程中存在安全隐患,施工现场必须配备井控装置及消防设施,现场所有施工作业必须符合行业和国家相关 HSE 管理要求。

由于气库原生气低含硫化氢,采出气质不达标,为尽快淘洗硫化氢,注气时应利用 3 口水平井,采气时应优先利用 3 口老井开井生产。

参 考 文 献

[1] 宋东勇,郭海霞,雷俊杰,等. 文96气藏储气库建设地质论证[J]. 内江科技,2009,30(6):98.
[2] 何自新,郑聪斌,陈安宁,等. 长庆气田奥陶系古沟槽展布及其对气藏的控制[J]. 石油学报,2001,2(4):35-38.
[3] 张锦泉,等. 鄂尔多斯盆地奥陶系沉积古岩溶及储集特征[M]. 成都:科技大学出版社,1993.
[4] 吴熙纯. 鄂尔多斯南部奥陶系岩溶带对天然气储层的控制[J]. 石油与天然气地质,1997,18(4):294-299.
[5] 邹新宁,孙卫,张盟勃,等. 鄂尔多斯盆地奥陶系侵蚀沟谷及顶面形态识别[J]. 西北大学学报:自然科学版,2006,36(4):610-614.
[6] 陈凤喜,闫志强,伍勇,等. 岩性气藏型储气库封闭性评价技术研究——以长庆靖边 SH224 储气库区为例[J]. 非常规油气,2015,2(3):58-64.
[7] 陈凤喜,兰义飞,夏勇. 榆林气田南区建设地下储气库圈闭有效性评价[J]. 低渗透油气田,2011,16(1):77-81.
[8] 赵俊兴,陈洪德,张锦泉,等. 鄂尔多斯盆地中部马五段白云岩成因机理研究[J]. 石油学报,2005,26(5):38-41,47.
[9] 游良容,兰义飞,刘志军,等. 榆林气田南区储气库水平井注采能力评价[J]. 低渗透油气田,2012(1):91-94.
[10] 兰义飞,方建龙,武力超,等. 基于稳定点产能二项式法的地下储气库单井注采能力[J]. 大庆石油学院学报,2012,36(1):139-141.
[11] 李洪玺,刘全稳,陈国民,等. 榆林气田陕 141 井区气井生产动态特征分析[J]. 天然气工业,2005,25(12):89-91.
[12] 李闽,郭平,谭光天. 气井携液新观点[J]. 石油勘探与开发,2001,28(5):105-106.
[13] 舒萍,高涛,朱思南. 火山岩气藏改建地下储气库注采能力[J]. 大庆石油地质与开发,2015,34(6):48-53.
[14] 吕建,罗长斌,付江龙,等. 长庆储气库合理注气压力的确定[J]. 石油化工应用,2014,33(9):46-49.
[15] 高海红,王新民,王志伟. 水平井产能公式研究综述[J]. 新疆石油地质,2005,26(6):723-726.
[16] 李晓平,刘启国,赵必荣. 水平井产能影响因素分析[J]. 天然气工业,1998,18(2):53-55.
[17] 刘志军,兰义飞,伍勇,等. 低渗岩性气藏局部储气库库容量评价与工作气量优化[J]. 低渗透油气田,2012,17(3):77-80.
[18] 刘志军,兰义飞,冯强汉,等. 低渗岩性气藏建设地下储气库工作气量的确定[J]. 油气储运,2012,31(12):891-894.

第三章　钻完井工程及老井评价与处理

钻完井工程是地下储气库建设的关键环节,良好的钻完井质量是后期储气库安全运行的有力保障,在储气库建设过程中至关重要。为此,对钻井工艺、固井工艺、油套管选材、完井工艺、储层改造等几个方面开展攻关研究,形成了陕224储气库钻井、完井、注气、采气以及老井处理等方面几大关键技术,为储气库建设奠定了基础。

第一节　钻井工程

钻完井工程是地下储气库建设的关键环节,良好的钻完井质量是后期储气库安全运行的有力保障,在储气库建设过程中至关重要,陕224储气库位于鄂尔多斯盆地伊陕斜坡,该区属致密气藏,储层为低孔隙度、低渗透率的致密气层,为增大储层泄流面积,必须采用大井眼、长水平段的井身结构才能满足后期注采的需要,钻完井工程在兼备常规难点的同时,又增加了新的难度。为此,通过技术攻关研究,对井身结构优化设计、钻完井液体系的筛选研制,形成了陕224储气库安全快速钻井的技术,为后期储气库建设奠定了基础。

一、井身结构优化

井身结构设计是钻井工程设计的基础,井身结构设计的科学合理与否,直接关系到钻井施工的经济性和气层保护的可靠性。水平井井身结构设计的基本内容包括套管的层次、各层套管的下深及套管与钻头的尺寸配合,套管和钻头的尺寸已标准化和系列化,所以主要任务是确定套管的层次和技术套管的下深。合理的井身结构既要考虑保证优质、快速、安全钻井,又要满足钻井和注采气工艺的要求,并要兼顾经济性。陕224储气库井身结构设计主要采用4条压力剖面(地层孔隙压力剖面、地层坍塌压力剖面、地层漏失压力剖面及地层破裂压力剖面)方法,借鉴苏里格区块钻井的经验,确定刘家沟为漏失必封层段,然后根据压力平衡关系设计出井身结构方案。

(一)井身结构论证

储气库注采井井型的选择主要依据设计库容、调峰最大工作气量、储层地质条件等因素。注采井要求注采气量较大,鄂尔多斯盆地的储层注气比较困难,综合考虑,储气库注采井采用水平井井型,增加水平段长,最大可能增加储层裸露面积,以满足工作气量需要。下面以陕224储气库为例来进行井身结构论证优化。

1. 地质情况

陕224井区储气库目的层马五$_1$原始地层压力为29.0~31.8MPa,平均原始地层压力为30.4MPa,根据前期钻井实施情况,其地层分层数据和预测陕224井区的地层三压力梯度剖面如图 3 - 1 - 1 所示。

在钻井施工过程中,延安组和延长组中上部有大段的砂泥岩混层,易发生泥页岩吸水膨胀,造成缩径,导致起钻困难,遇阻遇卡。安定组底部、直罗组、延长组底部属砂泥岩互层,地层易吸水膨胀造成地层坍塌。刘家沟组地层承压能力低,容易发生井漏,严重时只进不出,考虑钻井安全性,为必封层。

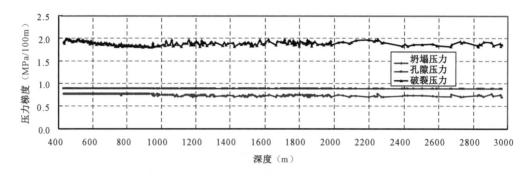

图 3 - 1 - 1　SCK - S1 井区地层三压力梯度剖面预测图

2. 生产套管尺寸确定

陕 224 井区注采井平均工作气量 $107 \times 10^4 m^3$,根据计算,1500m 的 $\phi 152.4mm$ 水平井眼泄气面积为 $717m^2$;1500m 的 $\phi 215.9mm$ 水平井眼泄气面积为 $1017m^2$,比 $\phi 152.4mm$ 井眼提高 42%;2000m 的 $\phi 215.9mm$ 水平井眼泄气面积为 $1356m^2$,比 $\phi 152.4mm$ 井眼提高 89%。井眼尺寸越大,水平段越长,泄气面积越大,有利于大气量注采(表 3 - 1 - 1)。

表 3 - 1 - 1　水平井眼泄流面积对比表

井眼尺寸(mm)	水平段长度(m)	泄流面积(m^2)	泄流面积提高(%)
152.4	1500	717	—
215.9	1500	1017	42
215.9	2000	1356	89

根据注采工程要求油管需要采用 $\phi 139.7mm$,配套生产套管选择 $\phi 244.5mm$。

3. 井身结构优选

陕 224 井区刘家沟组存在漏失情况,底部二叠系存在煤系地层,给斜井段钻井造成困难。综合考虑以上困难,对采用"四开"和"三开"两种井身结构的优缺点进行比较,为储气库注采井井身结构优选提供依据。

(1)"三开"井身结构。

井身结构:表套套管 $\phi 339.7mm$ + 生产套管 $\phi 244.5mm$ + 生产尾管(筛管)$\phi 139.7mm$。

目前"三开"井身结构钻井工艺比较成熟,钻井速度快,投资费用低,但必须采用分级箍的固井方式,一次上返固井方式水泥不能返至井口,在储气库项目中难以确保井筒密封效果。

（2）"四开"井身结构。

井身结构:套管程序为表层套管 $\phi508.0mm$ + 技术套管 $\phi339.7mm$ + 生产套管 $\phi244.5mm$ + 生产尾管（筛管）$\phi139.7mm$。

采用 $\phi339.7mm$ 技术套管封固刘家沟组漏失层,可以采用套管回接技术对 $\phi244.5mm$ 生产套管进行固井,保证井筒的完整性,为下一步顺利施工打下基础。

（3）井身结构对比。

充分考虑分接箍无法保证 30~50 年的密封寿命,根据《中国石油气藏型储气库建设技术指导意见》中指出不推荐采用分接箍,建议采用回接筒固井技术,应将回接筒置于上一层套管之内的要求,陕 224 储气库注采井推荐采用"四开"井身结构。"四开"井身结构与"三开"井身结构优缺点对比见表 3－1－2。

表 3－1－2　井身结构优缺点对比表

井身结构	优缺点
"四开"	优点:封堵刘家沟漏失层,利于斜井段施工;有利于一次上返固井
	缺点:工艺复杂,钻井速度慢;单井成本较高
"三开"	优点:工艺比较成熟,钻井速度快,投资费用低
	缺点:必须采用分级箍的固井方式,在交变压力下,环空长期密封性无法保证

根据优缺点对比,储气库注采井应采用安全可靠的井身结构,为后期强注强采提供良好的井筒条件。同时,避免上部直井段刘家沟组低压易漏失层与下部大斜度井段易坍塌煤层处于同一裸井段,提高储气井固井质量和使用寿命,陕 224 储气库井区推荐采用四开井身结构,生产套管固井采用回接筒回接方式,回接筒置于上层技术套管内,距套管脚 150m 以上。

4. 陕 224 井身结构

根据 $\phi139.7mm$ 生产油管设计,井身结构设计如下:

（1）"四开"井身结构。

（2）开钻前先下 $\phi730mm$ 导管,封固流沙层,防止冲垮基础,确保导管封固良好。

（3）"一开"$\phi508mm$ 表层套管进入稳定地层（安定组）30m 以上,封固易坍塌层、水层及漏层。

（4）"二开"$\phi339.7mm$ 技术套管进入石千峰组 50m 以上,封固刘家沟组易漏失层。现场卡准刘家沟组底界,确保 $\phi339.7mm$ 技术套管脚不漏失。

（5）"三开"$\phi244.5mm$ 生产套管下至入窗处,是四开的技术套管、也是完井的生产套管,水泥浆返至地面,封固好全井。钻井时应尽量减少入窗时进入储层的深度,入窗前加强地质卡层,确定进入储层即可,可以减少地层漏失和固井的风险。

（6）$\phi139.7mm$ 尾管悬挂于 $\phi244.5mm$ 生产套管内,悬挂尾管（盲管重合段）固井时,采用双管外封隔器,防止水泥浆进入储层（水平段）。根据抗挤计算,悬挂于井深 2950m 处,与 $\phi244.5mm$ 生产套管重叠段固井;水平段 $\phi139.7mm$ 筛管下至距井底 10~30m 处,支撑裸眼产层,作为生产尾管。

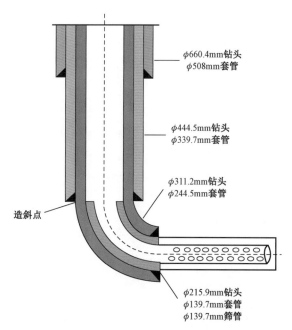

图 3 - 1 - 2　注采井井身结构示意图

注采井井身结构：$\phi 660.4mm$ 钻 头 × $\phi 508.0mm$ 表套 + $\phi 444.5mm$ 钻头 × $\phi 339.7mm$ 技术套管 + $\phi 311.2mm$ 钻头 × $\phi 244.5mm$ 套管 + $\phi 215.9mm$ 钻头 × $\phi 139.7mm$ 筛管完井（图 3 - 1 - 2）。

（二）井身剖面设计及轨迹优化

1. 靶前距设计

储气库井眼尺寸与常规井相比略大，为降低成本，低渗透碳酸盐岩气藏储气库钻井使用常规定向设备、工具和方法。研究表明：延长靶前距，降低平均造斜率，提高复合钻进比例，大幅提高钻井速度，但钻井进尺相对增加，施工投资成本上升，水平井摩阻扭矩升高，如图 3 - 1 - 3 所示，因此，长半径水平井更有利于低渗透碳酸盐岩气藏储气库水平井钻井，结合地质预测和井网要求，通过不同靶前距钻井情况进行对比，靶前距优化为 500 ~ 700m。

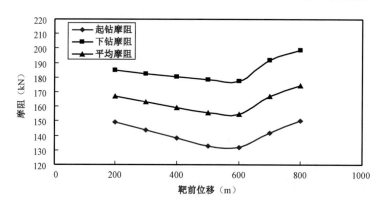

图 3 - 1 - 3　靶前位移与摩阻的关系图

2. 井眼轨迹优化设计

井眼轨迹优化是指在原设计轨迹的基础上，优化入窗方式、全角变化率的大小、造斜点的位置、轨迹增斜与稳斜段的长短等参数，确保优化后的设计轨迹更加平滑，全角变化率适中，现场施工实用、可操作性强。

1）入窗方式优选

由于低渗透碳酸盐岩气藏地层岩性变化大，纵向上存在目标层提前或推后，横向上岩性变化快，通过近年来水平井实施经验，采用双增剖面，斜井段以井斜84°左右稳斜钻进至目标层顶部最为理想。若储层提前，当增斜至90°时，入靶深度3m左右；若储层推后，可继续稳斜快速向下追踪，如图 3 - 1 - 4 所示。

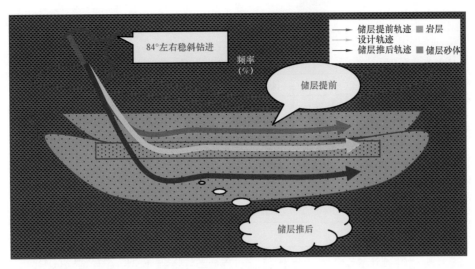

图 3 - 1 - 4 入窗方式示意图

2）造斜点位置优选

造斜点优选按照地层有利于定向的原则，避开易塌易漏地层，借鉴长庆低渗透碳酸盐岩区块水平井钻井经验，该区地层造斜点预选井深约为 3100 ~ 3300m，地层为刘家沟组、石千峰组。刘家沟组属易漏地层，为保证定向效率，选择钻穿刘家沟组进入石千峰组稳定层位 50m 以上定向造斜，设计优选造斜点为 3280m。

3）全角变化率的大小

低渗透碳酸盐岩气藏储气库注采交变应力变化大，为确保技术套管固井封固质量，全井段轨迹要求平滑，优化斜井段全角变化率小于 4°。水平段满足有效储层钻遇率的条件下，优化水平段全角变化率小于 1°，能大幅降低水平段摩阻扭矩，延长水平段长度。

4）轨迹增斜与稳斜段长短优化

利用设计软件，按照有利于现场施工的原则，针对轨迹增斜与稳斜段长短进行优化，设计采用双增剖面（增斜段—稳斜段—增斜段），以靶前距 650m，造斜点 3280m 为例，优化剖面设计见表 3 - 1 - 3，垂直投影示意如图 3 - 1 - 5 所示，水平投影示意图如图 3 - 1 - 6 所示。

表 3 - 1 - 3 井眼轨迹优化设计表

井深（m）	井斜（°）	方位（°）	垂深（m）	南北位移（m）	东西位移（m）	视位移（m）	狗腿度[（°）/30m]	段长（m）	备注
0	0	0	0	0	0	0	0		
3280	0	0	3280	0	0	0	0	3280	造斜点
3704.35	53.75	355.04	3644.79	184.18	- 15.99	184.87	3.8	424.35	
3936.77	53.75	355.04	3782.22	370.92	- 32.20	372.31	0	232.42	
4234.62	88.50	355.00	3877.1	647.40	- 56.30	649.84	3.5	297.85	靶点 B
4434.47	89.26	354.66	3881.0	846.40	- 74.30	849.65	0.125	199.85	靶点 C
4635.21	91.08	355.62	3880.4	1046.40	- 91.30	1050.38	0.307	200.73	靶点 D
4835.03	89.27	354.04	3879.8	1245.40	- 109.3	1250.19	0.361	199.83	靶点 E

续表

井深 （m）	井斜 （°）	方位 （°）	垂深 （m）	南北位移 （m）	东西位移 （m）	视位移 （m）	狗腿度 [（°）/30m]	段长 （m）	备注
5034.78	91.08	356.19	3879.2	1444.4	−126.3	1449.91	0.422	199.75	靶点 F
5234.62	89.27	353.47	3878.6	1643.4	−144.3	1649.72	0.491	199.84	靶点 G
5435.38	91.08	356.81	3878.0	1843.4	−161.3	1850.44	0.568	200.76	靶点 H
5635.14	89.27	353.42	3877.4	2042.4	−178.3	2050.17	0.577	199.76	靶点 I
5834.98	91.08	356.24	3876.8	2241.4	−196.3	2249.98	0.503	199.84	靶点 J
6034.73	89.27	353.99	3876.2	2440.4	−213.3	2449.7	0.433	199.75	靶点 K
6235.59	88.51	355.72	3880.1	2640.4	−231.3	2650.51	0.282	200.86	靶点 L

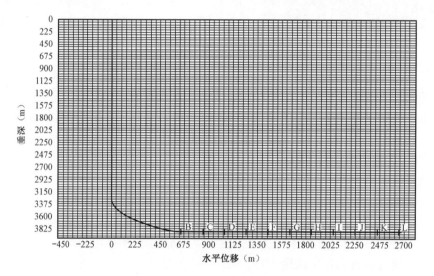

图 3-1-5 垂直投影图

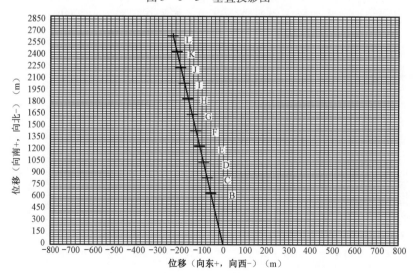

图 3-1-6 水平投影图

二、套管材质优选

选材是关系到注采气井,乃至整个储气库运行安全和使用寿命的关键因素,是储气库注采工程设计的一个重要环节,选材时应最大限度地降低套管腐蚀风险,使其满足储气库气井生产要求。本节将首先通过储气库相应区块的腐蚀环境及其变化进行分析,然后依据可能发生的腐蚀类型及程度进行材质优选和评价,必要时还可以采用一些气井防腐工艺来降低建库成本,保证储气库运行安全可靠。

(一)腐蚀环境及变化分析

鄂尔多斯盆地低渗透碳酸盐岩气藏包括区块较多,如陕224、苏203等,虽然各区块的气体组分、矿化度、Cl^-含量等均不尽相同,但它们同属于下古生界气藏,相差不是很大,并且选材的分析方法和步骤基本相同,因此,本节主要以陕224储气库为例进行环境分析和选材研究。根据储气库运行特点,陕224储气库腐蚀环境分为原储层腐蚀环境和注采阶段腐蚀环境两方面进行分析。

1. 原储层腐蚀环境分析

陕224井区储层平均温度107.39℃,原始地层压力30.4MPa,目前地层压力10.8MPa。井区内共有3口生产井(SCK–S1井、SCK–8井和SCK–11井),SCK–S1井于2000年10月投产,SCK–8井和SCK–11井于2003年9月、10月投产。经过多年开发,3口井的H_2S、CO_2和产出水矿化度、Cl^-含量趋于稳定。H_2S含量为348.68~667.3mg/m³,CO_2含量为5.67%~7.46%,平均6.01%,根据GB/T 26979—2011《天然气藏分类》标准,陕224井区储层为低含硫、中含CO_2气藏。3口井的产出水矿化度平均为48.5g/L。影响陕224储气库管柱腐蚀的主要因素有H_2S、CO_2、地层水矿化度、Cl^-、温度和压力等,对于腐蚀来说,压力主要体现在H_2S分压和CO_2分压上,因此,在腐蚀类型分析上,重点考虑前几个腐蚀因素的变化。

(1)H_2S。

H_2S环境中气井管柱存在硫化物应力腐蚀开裂(SSCC)风险,H_2S分压是影响碳钢和低合金钢SSCC敏感性最重要的参数,目前H_2S最大含量667.3mg/m³,$p_{H_2S}=0.005MPa$,处于SSCC敏感区间。

(2)CO_2。

目前,陕224井区CO_2平均含量为6.01%,地层压力10.8MPa,$p_{CO_2}=0.65MPa$,在气井产水的情况下,油套管存在CO_2电化学腐蚀。

(3)气井产水情况。

陕224井区3口老井平均单井产水量0.8m³/d,水气比平均为0.1m³/10⁴m³,矿化度48.5g/L,使H_2S或(和)CO_2发生溶解和电离,造成油套管腐蚀。

由以上分析可知,原储层环境存在SSCC和H_2S—CO_2电化学腐蚀,油套管选材应采取相应的防腐措施。

2. 注采阶段腐蚀环境及变化分析

储气库注采交替的特点决定了气井在试采阶段和储气库运行阶段腐蚀环境差异较大:注

采试验阶段采出的是储层原始天然气,属低含 H_2S、中含 CO_2 气藏,储气库运行阶段,气质为商品天然气,H_2S 含量 $\leqslant 20mg/m^3$,CO_2 含量 $2\% \sim 3\%$,酸性介质含量发生较大变化,对应的腐蚀类型也不同。

2014—2015 年,在 4 口注采井注采试验中跟踪测试了 H_2S 和 CO_2 变化情况。结果表明,在注采淘洗过程中 H_2S 和 CO_2 降幅明显。一轮注采后,CO_2 含量从 $5.52\% \sim 6.36\%$ 降到 $1.23\% \sim 2.94\%$(降幅 $44.64\% \sim 79.67\%$),H_2S 含量从 $132.83 \sim 488mg/m^3$ 降到 $32.80 \sim 156.59mg/m^3$(降幅 $65.54\% \sim 84.32\%$),数据见表 3-1-4 和表 3-1-5。

表 3-1-4　第一轮注采阶段 H_2S 含量数据表　　　　　　　　　单位:mg/m^3

序号	井号	原始气藏	注气阶段	第一轮采气阶段
1 号	SCK-8	700,387,672,681,657	10.35,4.14,4.1, 4.64,43.87,2.07	157.1,164.5,152.01,147.4,155.6, 162.1,157.4
2 号	SCK-1H	116.55,179.45,181.3,113.84, 163.51,206.98,227.68		41.40,43.47,60.02,31.05, 17.33,14.13,22.2
3 号	SCK-2H	125.07,143.6,150.56,120.25, 114.7,136.9,138.75		18.63,18.63,24.84,33.12, 68.30,45.54,32.73
4 号	SCK-3H	345.94,284.89,229.39,268.24, 196.63,209.05,235.96		57.95,51.74,55.88,51.74, 43.47,36.58,44.39

表 3-1-5　第一轮注采阶段 CO_2 含量数据表　　　　　　　　　单位:$\%$

序号	井号	原始气藏	注气阶段	第一轮采气阶段
1 号	SCK-8	5.6,5.5,5.53,5.54,5.45,5.6,5.44	0.833,0.863, 0.79,1.108, 0.949,0.861, 0.847	3.1,2.8,2.9,2.98,2.85,2.890,3.050
2 号	SCK-1H	4.381,5.769,5.306,5.501, 5.685,5.731,5.925		1.333,1.350,1.298,1.215,1.341, 1.353,1.311
3 号	SCK-2H	6.357,6.08,6.026,5.822, 6.899,6.76,6.547		1.657,1.364,1.365,1.293, 1.281,1.293,1.256
4 号	SCK-3H	6.206,6.304,6.195,6.245, 6.082,5.947,5.782		1.190,1.095,1.165,1.254, 1.357,1.282,1.251

注:原始气藏:SCK-8 测试时间是 2013 年,SCK-1H 井、SCK-2H 井、SCK-3H 井等 3 口井测试时间 2015 年 2 月 2 日至 2015 年 3 月 30 日;注气阶段:SCK-8 井、SCK-1H 井、SCK-2H 井、SCK-3H 井等 4 口井测试时间 2015 年 6 月 6 日至 2015 年 10 月 14 日;采气阶段:SCK-8 井、SCK-1H 井、SCK-2H 井、SCK-3H 井等 4 口井测试时间 2015 年 11 月 19 日至 2015 年 12 月 21 日。

根据第一轮 H_2S 和 CO_2 的下降幅度,预测经过二轮、三轮注采后,H_2S 含量均能降到 $20mg/m^3$ 以下,见表 3-1-6,变化趋势如图 3-1-7 和图 3-1-8 所示。

表 3-1-6　多轮注采阶段 H_2S 和 CO_2 含量数据变化表

井号	参数	第一轮生产阶段平均含量	第一轮采气阶段平均含量	第二轮注采后含量(预测)	第三轮注采后含量(预测)
SCK-8	$CO_2(\%)$	5.52	2.94	—	—
	$H_2S(mg/m^3)$	488.00	156.59	50.24	16.12

井号	参数	第一轮生产阶段平均含量	第一轮采气阶段平均含量	第二轮注采后含量(预测)	第三轮注采后含量(预测)
SCK – 1H	CO_2(%)	5.47	1.31	—	—
	H_2S(mg/m³)	169.9	32.80	6.33	—
SCK – 2H	CO_2(%)	6.36	1.36	—	—
	H_2S(mg/m³)	132.83	34.54	8.98	—
SCK – 3H	CO_2(%)	6.11	1.23	—	—
	H_2S(mg/m³)	252.87	48.82	9.43	—

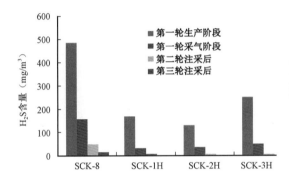

图 3 – 1 – 7 注采阶段 H_2S 含量变化趋势

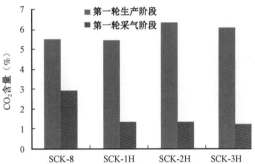

图 3 – 1 – 8 注采阶段 CO_2 含量变化趋势

酸性气藏储气库,原始气藏与商品气气质差异大,导致不同阶段的腐蚀类型不同。从注采井全生命周期角度考虑,油套管选材和防腐不仅要考虑注采初期的腐蚀环境,也要考虑中后期的腐蚀环境变化。陕 224 储气库注采井管柱不同阶段腐蚀介质和腐蚀类型见表 3 – 1 – 7。

表 3 – 1 – 7 陕 224 储气库腐蚀介质和腐蚀类型

阶段	腐蚀介质	特点	生产过程中管柱的腐蚀
原始气藏	H_2S 含量 553.9 mg/m³,CO_2 含量 6.01%	—	SSCC、电化学腐蚀
注气	H_2S 含量≤20mg/m³,CO_2 含量≤3%,不含游离水	—	无
采气初期	混合淘洗后的气体	接近原始气藏	SSCC、电化学腐蚀
采气后期	接近商品天然气	接近商品气	在产水情况下 CO_2 腐蚀

3. 腐蚀类型及影响因素

1)SSCC 腐蚀机理及影响因素

硫化物应力腐蚀开裂(SSCC)为应力腐蚀开裂(SCC)中的一种,它是指在水和 H_2S 共存情况下,与腐蚀和应力有关的一种金属开裂。

SSCC 是由 H_2S 腐蚀阴极反应所析出的氢原子,在 H_2S 的催化下进入钢中后,并在拉伸应力作用下,通过扩散,富集于冶金缺陷提供的三向拉伸应力区,而导致的开裂,开裂垂直于拉伸应力方向。

SSCC 的本质属氢脆,为低应力破裂,发生 SSCC 的应力值通常远低于钢材的抗拉强度。SSCC 的破坏多为突发性,裂纹产生和扩展迅速,对 SSCC 敏感的材料在含 H_2S 的酸性油气中,经短暂暴露后,就会出现破裂,以数小时到三个月情况为多。

影响 H_2S 应力腐蚀开裂的环境因素主要有:

(1)pH 值。随着 pH 值的升高,H^+ 浓度下降,SSCC 敏感性降低。

(2)温度。温度升高,SSCC 的敏感性下降。SSCC 发生在常温下的概率最大,而在 65℃ 以上则较少发生。

温度是影响金属材料 SSCC 性能的关键参数,一般认为,对于 80 钢级,SSCC 敏感温度范围是室温至 65℃,对于 110 钢级是 0~85℃,最敏感温度为 24℃,高温对材料抗 SSCC 是有益的。温度对 SSCC 的影响关系是基于氢原子的扩散速度,当温度较高时,氢原子向金属外扩散的速度增加,从而表现为高温下 SSCC 不敏感。

(3)CO_2 分压。在含 H_2S 酸性气体的天然气中,往往都含有 CO_2,CO_2 一旦溶于水便形成碳酸,释放出氢离子,于是降低了含 H_2S 酸性气体的 pH 值,从而增大 SSCC 的敏感性。

2)CO_2 电化学腐蚀机理及影响因素

在 CO_2 和 H_2S 共存的腐蚀环境中,低含量 H_2S 不是腐蚀的主导因素,CO_2 分压是电化学腐蚀的主导因素,高含量 H_2S 会加速腐蚀。

(1)CO_2 对腐蚀的影响。

CO_2 在水中溶解后生成 H_2CO_3 发生水解,释放出氢离子。氢离子是强去极化剂,易夺取电子而还原,促进阳极铁溶解而加速电化学腐蚀。一般认为,在较低的 CO_2 分压范围内,随着 CO_2 分压的增加,腐蚀速率上升,对于碳钢、低合金钢,腐蚀速率基本遵循 De. Waard—Millians 经验公式:

$$\lg v = 0.67 \lg p_{CO_2} + C$$

式中　v——腐蚀速率;

　　　p_{CO_2}——CO_2 分压;

　　　C——温度校正常数。

(2)温度对腐蚀速率的影响。

温度对 CO_2 腐蚀的影响主要体现在三个方面:一是温度升高,CO_2 气体在介质中的溶解度降低,抑制了腐蚀的进行;二是温度升高,各反应进行的速度加快,促进了腐蚀的进行;三是温度升高,影响了腐蚀产物膜的形成机制,可能抑制腐蚀,也可能促进腐蚀。

(3)Cl^- 对腐蚀速率的影响。

一般认为 Cl^- 对均匀腐蚀影响不大,它主要影响点蚀等局部腐蚀。Cl^- 的存在会破坏腐蚀产物膜在试样表面的覆盖,Cl^- 的催化机制使得阳极活化溶解,随着 Cl^- 浓度的增加,试样表面活性区逐渐增多,Cl^- 的催化作用使阳极溶解速率增大,在这种机制下,局部腐蚀速率往往比平均腐蚀速率高数倍甚至几十倍。

(4)H_2S 对腐蚀的影响。

在 CO_2 和 H_2S 共存的腐蚀环境中,H_2S 的作用随着 CO_2 和 H_2S 的相对含量的不同而呈现不同的表现形式,由于 CO_2 和 H_2S 都会与金属发生腐蚀,金属材料的腐蚀行为与其表面的腐蚀产物 FeCO₃ 和 FeS 的性能及沉积物的结构和组成等因素密切相关,并不是两种腐蚀因素简单叠加。

另外,还需要根据陕 224 井区管柱的腐蚀检测情况,以及靖边气田的腐蚀认识进行综合分析,开展陕 224 储气库管材选择。

(二)材质评价优选

1. 选材相关标准

1)选材设计依据

GB/T 20972.2—2008《石油天然气工业 油气开采中用于含硫化氢环境的材料 第 2 部分:抗开裂碳钢、低合金钢和铸铁》,GB/T 20972.3—2008《石油天然气工业 油气开采中用于含硫化氢环境的材料 第 3 部分:抗开裂耐蚀合金和其他合金》(等同于 NACE MR 0175《油田设备用抗硫化物应力腐蚀开裂金属材料》和 ISO 15156:2009《石油和天然气工业油 气生产中含 H₂S 环境下使用的材料》)。

GB/T 19830—2017《石油天然气工业 油气井套管或油管用钢管》(等同于 API Spec 5CT《套管和油管规范》和 ISO 11960:2001《石油天然气工业 油气井套管或油管用钢管》)。

NACE TM 0177—2005《金属在硫化氢环境中抗硫化物应力开裂和应力腐蚀开裂实验室标准试验方法》。

2)H₂S 应力腐蚀开裂判据

在 H₂S 酸性环境中,H₂S 分压是影响碳钢和低合金钢 SSCC 敏感性最重要的参数,根据 GB/T 20972.2—2008 标准,湿天然气中 H₂S 分压高于应力腐蚀开裂的门槛值 345Pa 时,管材对硫化物应力腐蚀开裂(SSCC)敏感,如图 3 – 1 – 9 所示,其中 0 区的环境特征是 p_{H_2S} < 0.345kPa,此时不需要考虑酸性环境开裂,1 区、2 区和 3 区属于酸性环境,需选用抗硫管材。

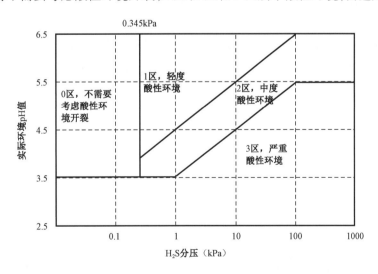

图 3 – 1 – 9 碳钢和低合金钢在 H₂S 酸性环境中开裂严重度判据图

3)API 管材适用温度条件

H₂S 环境中的 SSCC 的特点是管材强度越高 SSCC 敏感性越大,低温比高温敏感,NACE MR 0175 中规定了 API 管材的适用温度条件,见表 3 – 1 – 8。

表 3 - 1 - 8　各级油套管适用的温度范围

适用所有温度	≥65℃	≥80℃	≥107℃
H40,J55,K55,M65,L80 1 型,C90 1 型,T95 1 型	N80 Q 型,C95	N80,P110	Q125

2. 马氏体、奥氏体不锈钢研究认识

1)马氏体不锈钢腐蚀

马氏体不锈钢含 Cr > 12% ,不含 Ni 或含少量 Ni。特点是刻意经热处理硬化,获得高强度和高硬度,耐蚀性一般不如奥氏体不锈钢。

马氏体不锈钢在含 Cl^- 溶液中、海水中、湿大气的盐雾中和硫化物溶液中等能发生应力腐蚀,硫化物溶液中如含有酸,破裂会加速。马氏体不锈钢在含硫化合物环境中可产生穿晶裂缝,热处理的回火对盈利腐蚀敏感性有重要影响。马氏体不锈钢可能产生两种不同的应力腐蚀:在硫化物中是氢脆;在含 Cl^- 水中则是阳极溶解型破裂。

比较代表性的马氏体不锈钢是13Cr,在盐水中阳极极化,会加速破裂,在含 Cl^- 溶液中放入 H,也会加速破裂,因此可以认为在盐水中主要是阳极溶解性破裂,但也可能产生阴极氢脆型破裂。超级 13Cr 是在传统 13Cr(API 5CT L80—13Cr)基础上大幅降低 C 含量,添加 Ni,Mo和 Cu 等合金元素形成的马氏体耐蚀合金钢,管材成本是抗硫管材的 4 ~ 5 倍,具有良好的抗 CO_2 腐蚀能力,但 SSCC 敏感性高于抗硫管材,在含硫环境中使用应慎重。

通过对 NACE 多年来公开文献的综合分析,实际工程条件下的 pH 值、Cl^- 浓度及环境温度,对超级 13Cr 应力腐蚀开裂 p_{H_2S} 临界值有重要影响。

根据 GB 20972.3—2008 和 ISO 13680 等标准,在 pH 值≥3.5 时,超级 13Cr 的最大抗 SSCC 的 p_{H_2S} 可达 0.01MPa,见表 3 - 1 - 9,理论上满足陕 224 储气库气井不同阶段的腐蚀环境,但在腐蚀介质发生较大变化或使用不当的情况下,存在 SSCC 风险,如上扣扭矩控制不当时,易导致接箍实际受力远大于理论值,接箍处容易发生 SSCC 脆性断裂。

表 3 - 1 - 9　马氏体不锈钢(超级 13Cr)用作井下管件、封隔器和其他井下装置的环境和材质限制

UNS 牌号	最高温度 (℃)	最大 p_{H_2S} [kPa(psi)]	最大氯离子浓度 (mg/L)	pH 值	备注
S41426	见备注	10(1.5)	见备注	≥3.5	开采环境中的温度和氯离子浓度的任何组合都是允许的

资料来源:GB 20972.3—2008 附录 A.19。

2)奥氏体不锈钢腐蚀

奥氏体不锈钢含 Cr > 16% ~ 18% ,Ni > 8% ,有些钢种还含有少量 Mo,Nb 和 Ti 等。特点是非磁性,不能经热处理硬化,可经冷加工硬化。耐蚀性和加工性能比马氏体不锈钢好。

奥氏体不锈钢可分为铬镍钢和铬锰钢两大类。在金属元素中镍是最好的扩大奥氏体区的元素,是奥氏体钢的主体;锰是仅次于镍的奥氏体金属元素,而氮比镍更好,只是溶解度低,锰氮奥氏体不锈钢是节镍钢种。总体讲,奥氏体不锈钢耐蚀性好,有良好的综合力学性能和工艺性能,但强度、硬度偏低,奥氏体不锈钢生产工艺很好,具有优良的热塑性,可以通过锻造、乳制等各种现代工艺就能生产出板材、管材、棒材等各种型号和规格的不锈钢材料。

通常认为:奥氏体不锈钢发生应力腐蚀破裂的介质有特定性,即限于含 Cl^-,F^-,Br,H_2S 和 NaOH 等的水溶液内,其中 Cl^- 和 H_2S 存在于储气库中,而根据文献,在含 Cl^- 或 NaOH 溶液内发生应力腐蚀破裂的可能性随温度增高而加大。一般发生事故的多在 50 ~ 300℃ 范围内,低于 50℃ 或高于 300℃ 则很少发生破裂事故。对温度上下限的报告有一些分歧,有人认为 Cl^- 破裂只发生在 80℃ 以上,而碱脆至少发生在 100℃ 以上。在其他环境中,奥氏体不锈钢的破裂甚至可以发生在常温下。

影响应力腐蚀的因素是介质特点,附加应力和钢的化学成分。

引起奥氏体不锈钢应力腐蚀的介质中含有氯离子(Cl^- ,)含有 25×10^{-6} 质量浓度的 Cl^- ,甚至浓度更低,都会引起应力腐蚀,随 Cl^- 浓度升高,应力腐蚀破裂时间缩短,在微酸性 $FeCl_2$ 和 $MgCl_2$ 溶液中,氧能促进应力腐蚀破坏。在 pH 值小于 4 ~ 5 的酸性介质中,H^+ 浓度越高,应力腐蚀破裂时间就越短。当 pH 值大于 4 ~ 5 时,加入 NO_3^- 和 I^- 及醋酸盐,能抑制应力腐蚀。

应力也是重要的影响因素,只有张应力才会发生应力腐蚀。在温度恒定时,应力越大,则破裂时间越短,如图 3 – 1 – 10 所示。途中折点相对于钢的 $\sigma_{0.1}$。钢的屈服强度越高,抗应力腐蚀破裂的能力越高。钢的应力腐蚀敏感度取决于实际应力和钢的屈服强度之比,比值越高,应力腐蚀敏感度越高。

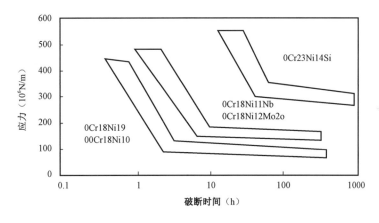

图 3 – 1 – 10　几种奥氏体不锈钢在 $\varphi_{(MgCl_2)} = 42\%$(质量分数)沸腾溶液中应力对破裂时间的影响

温度可影响化学反应速度和物质输送速度等。在含的水溶液中,80℃ 以上才产生应力腐蚀。温度越高,应力腐蚀破断时间越短。

不锈钢的组织和成分对应力腐蚀有强烈的影响。在稳定奥氏体不锈钢种,氢的渗入不会发生氢脆。低镍奥氏体不锈钢对应力腐蚀敏感,在高镍钢($W_{(Ni)} = 45\%$)就不会产生应力腐蚀。氮促进应力腐蚀裂缝的诱发和扩展,增加应力腐蚀的敏感;而碳则降低奥氏体不锈钢的应力腐蚀敏感。$W_{(Cr)} = 12\%$ 的奥氏体不锈钢,其铬含量越高,则应力腐蚀的敏感性越高。硅在单相奥氏体和复相不锈钢中都提高钢对应力腐蚀的抗力,铜能改善奥氏体不锈钢的应力腐蚀。钼使奥氏体不锈钢应力腐蚀破裂的诱发期缩短。磷(P)、砷(As)、锑(Sb)、铋(Bi)、铝(Al)、硫(S)是有害元素,降低奥氏体不锈钢的应力腐蚀抗力。

3. 抗硫碳钢现场应用

目前下古生界气藏 2 个建库区从 2013 年开始建设,生产时间较短,腐蚀研究工作开展得较少,下古生界最早开发的气田是靖边气田,最早的井已生产20年,靖边气田套管均采用组合下入方式,上部0~2000m采用抗硫管材,2000m至井底采用普通碳钢,配套缓蚀剂防腐措施,长期生产实践证明,选择抗硫管材能满足抗SSCC要求,管柱不会发生脆性断裂,但其抗CO_2—H_2O的电化学腐蚀能力有限。陕224储气库内的气井均为低产水、低矿化度气井,根据3口老井的腐蚀检测和靖边气井的腐蚀认识,此类井在加注缓蚀剂的情况下,管柱寿命超过20年,但仍不能完全满足储气库管柱长寿命的要求,需采用其他辅助防腐措施。

根据选材标准、规范和对各种不锈钢研究分析以及现场应用认识,陕224储气库气井套管有2种选材方案。

方案1:抗硫管材(0~2000m采用抗硫碳钢,2000m以下采用普通碳钢)。

抗硫管材是针对普通API管材不能满足含H_2S环境下的SSCC而开发的,SSCC往往在钢材的S和Mn夹杂物或缺陷处开始发展,所以抗硫管材对杂质和成分的控制比普通API管材要严格得多,要求含P≤0.010%,含S≤0.005%,而且对显微组织结构的要求也更高,一般均要求采用调质处理,即淬火后加高温回火,以获得组织细小均匀的回火索氏体,p_{H_2S}适用范围在0.000345~0.7MPa之间。长期生产实践证明,选择抗硫管材能满足抗SSCC要求,管柱不会发生脆性断裂。

方案2:超级13Cr

超级13Cr是在传统13Cr(API 5CT L80—13Cr)基础上大幅降低C含量,添加Ni,Mo和Cu等合金元素形成的耐蚀合金钢,管材成本是抗硫管材的4~5倍,具有良好的抗CO_2腐蚀能力,较抗硫管材而言,其抗SSCC性能有限。根据GB 20972.3和ISO 15156等标准,在pH值≥3.5时,超级13Cr的最大抗SSCC的H_2S分压p_{H_2S}可达0.01MPa,目前腐蚀环境下,H_2S最高分压为0.0034MPa,抗硫碳钢和超级13Cr均可满足要求。

(三)储气库现场套管方案

根据地质分层可知,表层套管一般下深为500m,技术套管下深2800m左右,均在气层段以上,在正常固井后,不会发生SSCC,表层套管选用J55钢级,技术套管选用普通N80钢级。

生产尾管(筛管)的环境温度在100℃以上,SSCC敏感性大大降低,不用考虑SSCC,选用普通N80碳钢。

生产套管井段为井口到气层顶部,管柱会发生SSCC,需采用抗硫管材,综合考虑生产套管的SSCC温度敏感性和强度校核(抗拉、抗内压、抗外挤),采用组合下入方式,上部0~2600m段下入95S抗硫管材,2600m至气层顶部下入普通P110碳钢。

为保证采气生产管柱密封可靠,生产套管采用气密封螺纹。

SCK-S1井区储层气体组分为含硫型干气气藏,生产套管要具有防酸性气体腐蚀能力,螺纹类型采用金属密封特殊螺纹。φ339.7mm技术套管采用普通碳钢管材,为防止气窜,采用气密螺纹,其余套管采用普通碳钢管材,套管根据国家标准进行校核,壁厚选择在满足抗拉、抗挤、抗内压等基本条件的同时,φ177.8mm套管或φ244.5mm套管的壁厚在不影响水平段钻头入井的同时,可适当选择壁厚较厚的套管,利于延长注采井使用寿命。

三、钻井液体系优化设计

长庆油田储气库水平井钻井中,位于斜井段山西组、太原组及本溪组的多套煤层和碳质泥岩及"双石层"硬脆性泥页岩等地层的稳定性极差,容易发生井壁垮塌,严重影响正常钻井生产。为此,从地层泥页岩黏土矿物分析、煤岩力学分析出发,研究了斜井段煤层井壁失稳机理。研制出了具有合理密度、强封堵性、护壁性强、低滤失量、良好流变特性和高润滑性的强封堵生物聚合物钻井液和盐水生物聚合物钻井液等两种钻井液体系,并且进行了现场应用,均取得了预期的效果,井眼稳定、起下钻畅通、电测和下套管顺利。

(一)煤系地层防塌钻井液的优选

对该区山西组煤层岩心进行了单轴抗拉强度实验,煤岩的平均单轴抗拉强度为 1.24MPa,最大单轴抗拉强度 1.32MPa,最小 1.14MPa,由此可见,煤岩的抗拉强度很低,非常容易裂碎。

通过对煤岩的力学实验、理论分析和有限元计算得知,在井斜角为 40°时,最小安全密度为 1.20g/cm³,并随井斜角的增大,安全密度随之增大,井斜达到 90°时为最大值,达到 1.33g/cm³;为此我们设定钻井液密度最小为 1.30 g/cm³。

最后通过该区岩性特征分析及室内试验评价,筛选出了强封堵生物聚合物钻井液体系,将该钻井液体系对煤岩进行浸泡和滚动回收实验,煤块浸泡 48h 后,无分散、无裂痕;一次回收率 98.76%,二次回收率 97.62%,该体系及其性能参数控制完全满足煤岩地层防塌钻井的要求。

为进一步加强和提高封堵性生物聚合物钻井液体系的防塌性,对其进行了加盐转化,将其转化为盐水生物聚合物钻井液体系。并对其进行了浸泡和滚动回收实验,煤块浸泡 48h 后,无分散、无裂痕;一次回收率 98.95%,二次回收率 98.02%,两次回收率均有所提高,说明将强封堵生物聚合物钻井液转化为盐水生物聚合物钻井液体系防塌效果更好。

以 SCK-1H 井为例,斜井段钻遇的石千峰组、石盒子组和山西组、太原组、本溪组是该井最复杂的地层,主要表现有坍塌层段长、煤层掉块垮塌严重。为保证该井段的安全快速钻进,采用盐水生物聚合物钻井液体系(表 3-1-10),同时在该体系中加入了随钻堵漏材料,提高地层的承压能力,为提高钻井液密度奠定基础,该体系通过力学手段(调节密度最高达到 1.50g/cm³)和化学手段(增强封堵能力)共同解决煤层坍塌难题,全井段钻井过程比较顺利,多次电测均安全顺利,技术套管和生产套管均下到预定位置。

表 3-1-10　盐水生物聚合物钻井液体系基本性能参数

密度 ρ (g/cm³)	漏斗黏度 (s)	滤失量 (mL)	pH 值	高温高压滤失量 (mL)	滤饼厚度 (mm)	极压润滑系数 K_f	AV (mPa·s)	PV (mPa·s)	YP (Pa)	YP/PV
1.29	95	3.2	9	14	1.5	0.0393	78.5	52	26.5	0.5

(二)储层保护钻井液的优选

针对储气库储层段压力系数低,易漏失的难点,通过防漏封堵剂优选形成了高效防漏暂堵钻井液体系,确保安全钻进的同时,保护了储层。

1. 屏蔽暂堵原理

屏蔽暂堵技术的机理是在钻进液中加入一些与油气层孔喉相匹配的架桥粒子、填充粒子和可变形的封堵粒子,利用钻井液压力与储层压力之间的正压差,使这些粒子快速地进入储层,堵塞储层孔隙喉道,在井壁周围 5cm 以内形成有效的、渗透率极低的屏蔽环,阻止钻井液中的固相和液相进一步侵入储层,从而消除或减少钻井液和固井时水泥浆对油气层的伤害。

2. 封堵剂的筛选

通过对钻井防塌封堵剂筛选,发现钻井液用防塌封堵剂 GF314 系列,正好满足储层孔隙封堵条件,GF314 产品是由高聚物反应、乳化而成,能在水中自动分散,粒子粒径呈多级分布,以 1~10μm 为主,能为钻井液提供与地层温度相适应的、粒径与被封堵微裂缝的大小相匹配的、可变形的软化粒子,从而实现对各类微裂缝的有效封堵,防止流体进入储层,达到储层保护的目的。以此为主要堵剂优化形成了防塌暂堵钻井液体系,并对其性能进行了评价。

3. 防塌暂堵钻井液体系性能

1)体系基本组成及性能参数

体系主要配方:6% 膨润土 +2% FL－1 +2% GF314 暂堵剂 +2% SMK +0.2% PAC +28% 加重材料 +0.1% NaOH +0.15% K－PAM +1.5% 润滑剂。该体系性能参数见表 3－1－11。

表 3－1－11 防漏暂堵钻井液体系性能参数

序号	性能名称	常温指标	120℃×16h 热滚后指标
1	密度（g/cm³）	1.05~1.35	1.05~1.35
2	漏斗黏度（s）	50~100	40~80
3	API FL（mL）	2.0~4.0	6.0~10.0
4	滤饼厚度（mm）	0.2	0.3
5	PV（mPa·s）	20~45	15~30
6	YP（Pa）	15~35	10~20
7	PV/YP	0.3~0.8	0.2~0.6
8	静切力（Pa）	1~2/4~5	0.5~1/2~5

2)体系防塌性能评价

将防塌暂堵钻井液体系对储层段岩心进行浸泡,测定其渗透性变化,在 5MPa 环压条件下,让钻井液接触岩心。岩心浸泡 6h 后,测定其伤害性,然后对浸泡段切除 1cm 后,测定岩心的伤害率。高效防塌暂堵钻井液体系对该区马家沟组平均封堵率为 95.57%,切掉伤害端 1cm 后,钻井液的平均伤害率为 13.01%,有效保护了储层(表 3－1－12)。

表 3－1－12 岩心伤害试验数据

井号	岩心号	K_{g_1}（mD）	K_{g_2}（mD）	温度（℃）	伤害时间（h）	排液量（mL）	封堵率（%）	伤害率（%）
SuCK－35	(46/159)	0.00818	0.00040	90	6	0.2	95.11	
	切除1cm后		0.00712	90				12.96
SuCK－54	(80/127)	0.01517	0.00060	90	6	0.3	96.04	
	切除1cm后		0.01319	90				13.05

(三)现场钻井施工情况

陕224储气库新钻3口注采水平井,均按照设计要求采用四开井身结构,其中表层套管封堵上部易塌、易漏的疏松地层,封固洛河水层,满足井控安全的要求,进入稳定地层30m以上;二开技术套管封固刘家沟组低压易漏地层且进入下部稳定地层30m以上,确保套管鞋处封固质量;三开生产套管进入入窗点,封固大斜度段的易坍塌煤层,确保水平段的钻进;水平段的尾管起支撑作用,防止后期井壁坍塌。3口注采水平井平均完钻井深5144m,平均水平段长1426m,最长水平段1652m,平均钻井周期277天。

由于采用大井眼井身结构,前期缺少施工经验。钻井过程中出现了坍塌、井漏等复杂事故,实际钻井周期较预测周期普遍偏长。机械钻速较常规钻井普遍偏低,其中三开段机械钻速最低处仅为1.42m/h,该段井眼尺寸为311.2mm,为定向段,该段钻穿的主要层位是石千峰组、石盒子组、山西组、太原组、本溪组,该段各个地层均有煤层存在,特别是太原组和本溪组存在大段连续煤层,造成在钻进过程中煤层垮塌,在施工过程中出现了多次划眼,造成机械钻速相比其他井段普遍偏低。后期为防止坍塌,结合前期实施情况的分析,通过随钻加入堵漏材料,将钻井液的密度提高至1.5g/cm³以上,有效防止了煤层垮塌,通过化学+物理的双重防塌手段实现了现场的安全施工。

四、固井工艺设计

长庆致密气藏储气库采用了大井眼四开井身结构,生产段采用φ244.5mm大直径套管,其集成了大斜度井、大尺寸套管固井、水泥石受注采交变应力等特点于一身。大斜度井段存在的煤层又极易坍塌,为固井安全施工带来困难,通过研究攻关,改进水泥浆体系、优化固井工艺等措施顺利完成了储气库井固井施工,固井质量全部合格。

(一)固井方式优选

根据地质分层,该区第四系黄土层120m左右,必须采用一层套管进行封固,避免黄土层漏失,同时要保护浅层洛河水;刘家沟组地层深度为2750m,由于低压易漏失,为保证下部双石层及山西组煤层安全钻进,采用技术套管进行封固,避免上部直井段刘家沟组低压易漏失层与下部大斜度井段易坍塌煤层处于同一裸眼井段,提高储气井固井质量和使用寿命。

下古生界马家沟组储层压力只有10.8MPa,压力系数较低,为保证水平段安全钻进,储层以上用技术套管进行封固。

1. 表层套管固井

固井方式:由于表层井段采用φ508.0mm套管固井,内径较大,采用胶塞顶替的方式驱替效率较差,而且胶塞顶替过程中施工压力较高,为此采用插入式固井方法。

水泥浆体系:采用流变性能良好的低温高强水泥浆体系,全井段封固,套管内留10~20m水泥塞,见表3-1-13。

表3-1-13 表层固井水泥浆参数表

水泥	水灰比	密度(g/cm³)	析水率(%)	抗压强度(30℃,24h)(MPa)	稠化时间(30℃,10MPa)(min)
G级(HSR)	0.44	1.88	≤0.2	≥15	60~90

2. 技术套管固井

技术套管封固刘家沟组易漏失地层,为满足全井段封固良好的要求,固井方式采用分接箍分级固井方式。

水泥浆体系:防窜微膨胀胶乳水泥浆体系(常规密度+低密度)。

水泥浆体系特点:体系稳定、失水、析水小,强度高、防漏效果好,稠化时间可调,满足现场施工要求。

水泥浆体系性能指标见表3-1-14。

表3-1-14 技术套管固井水泥浆参数表

一级常规密度水泥浆体系								
水泥	水灰比	密度 (g/cm³)	析水率 (%)	失水 (85℃,30min,7MPa) (mL)	抗压强度 (85℃,24h) (MPa)	水泥石 收缩率 (%)	稠化时间(85℃,45MPa)	
							初稠	时间
G(HSR)	0.44	1.88	0	≤50	≥21.0		<15Bc	150~170min
二级常规密度水泥浆体系								
水泥	水灰比	密度 (g/cm³)	析水率 (%)	失水 (85℃,30min,7MPa) (mL)	抗压强度 (85℃,24h) (MPa)	水泥石 收缩率 (%)	稠化时间(85℃,45MPa)	
							初稠	时间
G(HSR)	0.44	1.88	0	≤50	≥21.0		<15Bc	150~170min
二级低密度水泥浆体系								
水泥	水灰比	密度 (g/cm³)	析水率 (%)	失水 (85℃,30min,7MPa) (mL)	抗压强度 (65℃,24h) (MPa)	水泥石 收缩率 (%)	稠化时间(85℃,45MPa)	
							初稠	时间
G(HSR)	0.6	1.45	≤0.5	≤100	≥14.0		<20Bc	170~200min

3. 生产套管固井

三开ϕ311.2mm井眼,采用的ϕ244.5mm套管既是四开的技术套管也是完井的生产套管,储气库交变注采压力长期作用于该层。因此,三开套管固井质量,直接影响整口井在后期的运行安全,该层套管的固井质量尤为关键。为保证固井质量良好,同时又不影响井筒的完整性。采用套管悬挂固井+回接固井的方式进行固井。

1)主要技术要求

(1)采用套管回接技术进行固井,封固好斜井段,防止漏失,要求水泥浆返至地面;

(2)优选水泥浆体系,优化水泥浆性能,确保生产套管封固质量;

(3)水泥浆流变性好,体系稳定,稠化时间合理,满足现场施工要求;

(4)优化现场施工参数,防止漏失,提高顶替效率,减小"U"形管效应,确保一界面与二界面胶结质量;

(5)平衡压力固井,注水泥浆要连续,现场采用批混车进行混配,确保水泥浆性能均匀。

2)水泥浆体系及性能指标

(1)水泥浆体系:回接筒以下采用微膨胀柔性水泥浆体系,回接筒以上采用常规韧性水泥浆体系。

（2）水泥浆体系特点：体系稳定、失水、析水小、强度高、水泥石收缩率为零、防漏效果好，稠化时间可调，满足现场施工要求。

（3）水泥浆体系性能指标：

执行中石油股份公司的要求。水泥浆游离液控制为 0，滤失量控制在 50mL 以内，沉降稳定性试验的水泥石柱上下密度差应小于 $0.02g/cm^3$，水泥石气体渗透率应小于 0.05mD，膨胀率 0.03% ~ 1.5%。

3）水泥环质量要求

（1）要求进行声幅测井和变密度测井。

（2）声幅测井，测得水泥面上 5 个稳定的接箍信号，控制自由套管声幅值在 8 ~ 12cm（横向比例 400 ~ 600mV），水泥胶结段声幅值接近零线，曲线平直。

（3）声幅相对值≤15% 为优等，≤30% 为合格；低密度水泥≤40% 为合格。

（4）声幅曲线测至人工井底以上 2 ~ 5m。

（5）水泥凝固 48h 后检测胶结质量；盖层段采用套后成像测井。

（6）储气层顶部盖层段连续优质水泥段不小于 25m，生产套管固井段良好以上胶结段长度不小于 70%。

（二）固井水泥浆体系

目前，国外储气库注采井固井水泥浆体系主要采用柔性水泥浆体系，在等强度的条件下水泥具有较好的弹性（表 3 -1 -15），保证了井筒在交变压力作用下水泥环的完整性（图 3 -1 -11），借鉴国外储气库固井经验，开展了柔性水泥浆体系的研制。

表 3 -1 -15　柔性水泥与常规水泥浆体系性能对比表

体系	泊松比（48h）	杨氏模量（48h）（MPa）
常规水泥（1.89）	0.42	11000
胶乳水泥	0.27	7500
柔性水泥	0.14	3000

 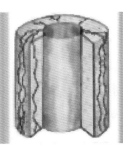 

（a）轴向张力　　　　　（b）径向张力　　　　　（c）无微裂隙

图 3 -1 -11　柔性水泥可以保证水泥环完整性

1. DRE 韧性膨胀水泥浆体系的研制

由于水泥石内部存在一定的孔隙，增韧材料颗粒的掺入充填在孔隙处，形成桥接并抑制了缝隙的发展。当外界作用力作用在水泥石上时,增韧材料利用自身的低弹性模量特性,降低外界作用力的传递系数,减弱外界作用力对水泥石基体的破坏力,达到保护水泥石力学完整性的目的,以此原理对增韧材料进行了筛选评价,经过一系列的试验优化对比形成了韧性水泥浆的配方。

普通水泥是一种多相、高度非均质体系,内部结构上存在着大量的空隙和微孔道,特别是水泥在凝结时往往伴随着体积收缩更使空隙增大,渗透率也随之增高,水泥石在宏观材料特性上表现为脆性和多孔道。提高水泥石的韧性,主要通过紧密堆积原理和超混合复合材料机理在水泥浆体系中掺入韧性材料,降低外力的传递系数,减小外力对水泥石基体的损害,达到保持水泥石力学完整性的目的。由于抗压强度是决定水泥石封隔性能的主要因素,因此将考察水泥石抗压强度作为优选增韧材料的主要方式。

1)乳胶粉 DRT - 100S

乳胶粉是一种可通过喷雾干燥制备可再分散乳胶粉,是一种纯白色无味的颗粒状材料,水溶性与再分散性强,温度使用范围 0 ~ 180℃,具有极突出的黏结强度,可提高水泥石的柔韧性,对改善水泥浆的黏附性、抗拉强度、防水性具有良好的效果。通过试验可知,乳胶粉与水泥浆外加剂具有良好的配伍性,不会影响水泥浆外加剂对水泥浆的作用效果(表 3 - 1 - 16)。

表 3 - 1 - 16　乳胶粉与水泥浆外加剂的配伍性

序号	水泥浆外加剂	与乳胶粉的作用效果
1	降失水剂	无反应
2	缓凝剂	无反应
3	分散剂	无反应
4	消泡剂	无反应
5	抑泡剂	无反应

据表 3 - 1 - 17 可知,随着乳胶粉 DRT - 100S 加量增加,水泥浆流动度逐渐减小,水泥石抗压强度随之减小,当乳胶粉加量占纯水泥 2% 时,水泥石抗压强度最高。

表 3 - 1 - 17　不同乳胶粉 DRT - 100S 加量对水泥石强度影响

试验条件(井底循环温度)		60℃	60℃	60℃	60℃
配比(质量比)	G 级水泥	100	100	100	100
	混合水	44	44	44	44
	DRT - 100S	2	4	6	8
水泥浆性能	流动度(cm)	22.5	22	22	21
	24h 抗压强度(MPa)	22.6	20.9	20.4	17.8
	7d 抗压强度(MPa)	25.3	22.8	22.4	20.7

2)增韧材料 DRE - 100S

增韧材料 DRE - 100S 是一种白色无味的颗粒状材料,温度使用范围 0 ~ 120℃,具有较强的亲水性,在水泥浆中的分散性强,可均匀分散在水泥浆中,且与水泥石基体具有较强的黏结强度,可明显提高水泥石韧性。

据表 3 - 1 - 18 可知,增韧材料 DRE - 100S 与水泥浆外加剂具有良好的配伍性,不会影响水泥浆外加剂对水泥浆的作用效果。

表 3 - 1 - 18 增韧材料 DRE - 100S 与水泥浆外加剂的配伍性

序号	水泥浆外加剂	与 DRE - 100S 的作用效果
1	降失水剂	无反应
2	缓凝剂	无反应
3	分散剂	无反应
4	消泡剂	无反应
5	抑泡剂	无反应

据表 3 - 1 - 19 可知,随着 DRE - 100S 加量增加,水泥浆流动度逐渐减小,水泥石抗压强度先降低,后增加的趋势,这是由于 DRE - 100S 有两方面作用于水泥石中:一方面,DRE - 100S 相对于水泥活性较低,可看作是一种低活性物质,当加量增加,降低了水泥石的结构强度,导致水泥石的强度降低;另一方面,由于水泥石中存在大量不同种类和孔径的空隙,当 DRE - 100S 加入的以后,在一定程度上填充了这些空隙,提高了其密实度。

当 DRE - 100S 加量小于最优加量时,水泥石空隙未被完全填充,DRE - 100S 破坏水泥石结构强度的作用大于空隙填充作用,引起水泥石抗压强度降低,当 DRE - 100S 为最优加量时,水泥石的空隙基本被填充,水泥石密实度大幅度提高,水泥石的抗压强度的损失可以由 DRE - 100S 对水泥石空隙的填充弥补,当加量超过最优加量时,DRE - 100S 对水泥石空隙进行了填充,但更多的加量对水泥石强度将造成了更大的影响。

表 3 - 1 - 19 不同 DRE - 100S 加量对水泥石强度影响

试验条件		60℃	60℃	60℃	60℃
配比(质量比)	G 级水泥	100	100	100	100
	混合水	44	44	44	44
	DRE - 100S	2	4	6	8
水泥浆性能	流动度(cm)	22	21	20	19.5
	24h 抗压强度(MPa)	21.5	21.4	18.4	22.8
	7d 抗压强度(MPa)	24.5	22.8	23.8	25.6

3)乳胶粉 DRT - 100S 与增韧材料 DRE - 100S

乳胶粉 DRT - 100S 是一种水溶性可再分散聚合物粉末,可分散在水中形成乳浊状的乳胶粒子;然而增韧材料 DRE - 100S 在水泥浆中的分散性好,也可均匀分散在水泥浆中;且当两种材料同时掺入水泥浆体系中时,呈现出两种不同粒径的复合,可有效充填水泥石中的孔隙,增强水泥石的紧密堆积效果,提高水泥石的抗压强度。据表 3 - 1 - 20 可知,复合使用两种韧性材料时,当乳胶粉 DRT - 100S 加量 2% 与增韧材料 DRE - 100S 加量 4% 时,此时水泥石的抗压强度最高。通过对乳胶粉 DRT - 100S 与增韧材料 DRE - 100S 两种材料进行复配,以此关键添加剂为基础,为保证水泥浆的综合性能,水泥浆中掺入一些配套的外掺料、外加剂。如与水泥浆水化产物易发生凝胶反应的微硅、控制水泥浆失水性能的降失水剂、调节水泥浆流变性能的分散剂等,形成了柔性水泥浆体系,对该体系形成的弹性模量进行测定,按照体系中的加量进行测定,水泥石7天弹性模量达到了5.1GPa,较常规水泥石弹性模量降低了43%,满足了储气库的要求,该体系应用到了储气库生产套管固井中。

表3－1－20　不同 DRE－100S 和 DRT－100S 加量对水泥石强度影响

试验条件		60℃	60℃	60℃	60℃	60℃	60℃
配比（质量比）	G 级水泥	100	100	100	100	100	100
	DRT－100S	4	6	8	6	4	2
	DRE－100S	2	4	6	8	6	4
水泥浆性能	液固比(水)	0.44	0.44	0.44	0.44	0.44	0.44
	流动度(cm)	20.5	19.5	18	18.5	20	21
	24h 抗压强度(MPa)	19.5	15.3	18.2	21.9	22.8	24.5

2. 固井质量保障措施

通过软件模拟优化设计与扶正器安放的种类和数量(刚性与弹性扶正器交替安装,一根套管一个扶正器),保证套管居中度大于67%,提高了套管居中度。

三开 ϕ311.2mm 井眼斜井段采用单扶、双扶和三扶通井,保证斜井段井眼轨迹光滑,有利于套管顺利下入,提高整段套管居中度,确保第二界面的胶结质量。

优化设计前置液的性能与用量,采用 1.35～1.50g/cm³ 抗污染能力强的加重冲洗隔离液,确保隔离液的用量可以在裸眼环空中的高度达到300m以上,提高冲洗与隔离的效果,降低地层承压能力,进一步确保固井施工安全。

数值模拟提高顶替效率,根据实际电测井眼数据、设计施工参数及注入流体流变性能,采用数值模拟方法模拟固井施工,进一步优选施工参数、流体性能。

采用旋流扶正器,使水泥浆上返时产生一个横向流速,改善钻井液的顶替效率,有利于大肚子井段的固井质量。选用性能优越的固井附件,如图3－1－12和图3－1－13所示。

图3－1－12　钢性螺旋滚柱扶正器

图3－1－13　旋转引鞋

通过一系列的技术攻关和工艺优化,陕224储气库注采井固井质量全部合格,通过对生产套管进行IBC成像测井显示,固井质量良好,优于同区块常规水平井的质量,满足了后期储气库的生产要求。

3. 固井实施情况

三口井注采水平井井身结构及完钻井深基本相同,采用了相同的固井工艺。表层套管固井采用插入式固井方法,常规水泥浆体系,水泥浆返至地面;技术套管采用分接箍分级固井方式,采用防窜微膨胀胶乳水泥浆体系(常规密度+低密度),分级箍以下采用胶乳水泥浆体系,分级箍以上采用常规水泥浆,水泥浆返至地面。三开生产套管固井是固井的重点,采用套管回接技术固井,封固好斜井段,防止漏失,水泥浆返至地面,采用弹塑性较好的韧性水泥浆体系,全井段固井。尾管与三开技术套管重合段进行固井,采用管外封隔器+分级箍循环一次上返固井的工艺,水泥返至悬挂器位置(表3-1-21)。

表3-1-21 注采水平井各井段固井工艺及固井质量

井段	固井工艺	水泥浆体系	固井质量
表层套管	插入法固井	常规+低密度水泥浆	合格
技术套管	分级固井	胶乳水泥浆	良好
生产套管	悬挂尾管+回接固井	韧性+胶乳水泥浆体系	良好
水平段尾管	管外封隔器、分级箍循环一次上返	常规水泥浆	良好

三口注采水平井的固井试工过程顺利,固井质量满足安全及储气库生产要求,具体实施情况见表3-1-22。

表3-1-22 技术套管固井质量统计

井号	固井工艺	技术套管下深(m)	第一界面		第二界面	
			优良率(%)	合格率(%)	优良率(%)	合格率(%)
SCK-1H	分级固井	2851	54.75	96.3	43.2	100
SCK-2H	分级固井	2796.6	64.22	98.2	55.7	100
SCK-3H	分级固井	2803.85	72.22	99.1	66.9	100

三开套管即是水平段钻进的技术套管,也是后期的生产套管。该段固井质量非常重要,该生产套管采用回接法固井,尾管及回接段固井施工均正常。通过VDL和CBL测井显示固井质量良好,并进一步通过超声成像测井进行固井质量检测,显示水泥环胶结良好,满足储气库的生产要求(表3-1-23)。

表3-1-23 生产套管固井质量统计　　　　　　　　　　　　　单位:%

井号	第一界面		第二界面	
	优良率	合格率	优良率	合格率
SCK-1H	78.90	100.00	50.58	100.00
SCK-2H	99.17	100.00	90.69	100.00
SCK-3H	89.04	100.00	57.77	100.00

第二节 完井工程

储气库注采井完井是联系钻井和采(注)气两个工艺过程的重要生产环节,包括从钻开生产层、下油层套管、注水泥、射孔、砾石充填到试采等一系列生产过程的总成。完井目的是在井底建立使气井具有最小的渗流阻力、具有最大注采气量和长期使用寿命并达到最大效益的工艺技术,是一项系统工程。

一、完井方式优化

完井方式决定了一口井的井身结构和钻井方法,对后期生产也具有极为重要的制约作用。虽然完井作业本身的成本占全井成本的比例较小,但完井方式对全井总成本起到决定和控制作用。一口井完井设计是否合理、完井施工质量的优劣将直接关系到该井钻进工程的成败和后续生产情况及气井寿命。

(一)储气库注采井完井方式的优选要求

完井后的井底结构基本上不能再改变,因此,储气库注采井在完井时就应该尽可能地全面考虑各种要求。保证注采井在几十年甚至百年的生产周期中,井底结构具有广泛的适应性,保持气井具有稳定的生产环境。储气库注采完井的基本要求:

(1)在各个生产环节中都能做到最大限度地保护生产层,尽量减少各个生产环节对产层造成的永久性伤害,并能使受到的伤害尽量得到恢复。

(2)尽量减少流体进入井筒时的流动阻力,使生产层和井眼具有良好的连通性,提高气井的完善系数。井筒条件应能保证油气流在举升过程中具有较小的流动阻力,提高井的产量。

(3)在满足生产需要的条件下,要避免井壁的坍塌或生产层出砂,保证气井长期稳产,延长井的寿命。

(4)井筒条件可以实施压裂、酸化等增产措施。

(5)井筒条件允许井的多次大修。

(6)完井工艺简单,成本低。

(二)注采井常用完井工艺

在完井过程中,选择完井的井底结构是最重要的一步。完井的井底结构不仅对井的钻进具有重要影响,对井的生产方式、产量、井的修复和增产措施均具有制约作用。

完井方法可分为两类:一类是选择性完井,主要是用水泥封固油层的完井,可在封固后选择性地射开某些层或某些段;另一类是非选择性完井,主要是裸眼完井及与其类似的完井方式。水平井常见的完井方法有裸眼完井、割缝衬管完井、射孔完井、带管外封隔器的割缝衬管完井及砾石充填完井等(图3-2-1)。

(三)陕224储气库注采井完井方式优选

鄂尔多斯盆地下古生界碳酸盐岩储层埋藏深、岩石强度高,碳酸盐岩储层生产过程中不存在出砂问题,但考虑到气井完钻后需要采用酸化工艺改造储层,同时,注采井运行时采用强注强采、高低压往复运行的模式,井筒及近井地带储层长期处于交变应力工况下,水平井眼存在稳定性问题。结合各种完井方式的优缺点比较分析,陕224储气库水平注采井设计采用不防砂的筛管完井方式(表3-2-1)。

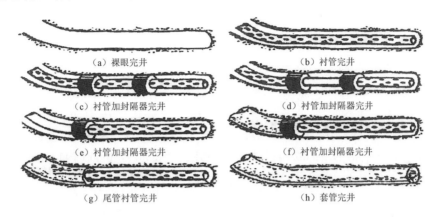

(a)裸眼完井　　　　　　　　　　　(b)衬管完井

(c)衬管加封隔器完井　　　　　　　　(d)衬管加封隔器完井

(e)衬管加封隔器完井　　　　　　　　(f)衬管加封隔器完井

(g)尾管衬管完井　　　　　　　　　　(h)套管完井

图3-2-1　水平井常用完井示意图

表3-2-1　陕224储气库注采井完井方式选择对比分析表

分类	完井方式	优缺点	适用对象	分析结论
选择性完井	套管固井射孔完井	施工复杂,成本高	油气水关系复杂的气藏	不适用
	管外封隔器完井	成本高	油气水关系复杂的气藏	不适用
非选择性完井	裸眼完井	成本低、施工简单井壁易坍塌	碳酸盐岩等坚硬地层	不适用
	砾石充填完井	防塌、防砂,工艺复杂、费用高	需要防砂气井	不适用
	防砂筛管完井	支撑井壁,防砂,费用高	需要防砂气井	不适用
	常规筛管完井	支撑井壁,不防砂		适用

二、注采系统节点分析及油管尺寸设计

气井生产系统分析也称生产井压力系统分析或节点(NODAL)分析,是研究气田开发系统气藏工程、采气工程和地面集输工程之间压力与流量关系的方法。节点分析把气井从气藏经完井井段、井底、油管、井口、地面管线至分离器的各个环节作为完整的生产压力系统考虑,对各个部分在生产过程中的压力消耗进行综合分析。以气藏产能及生产过程中各节点压力变化规律的综合分析为依据,改变主要参数或工作制度后预测气井产量的变化,从而优化设计出能够最大限度发挥气藏能量利用率的油管直径、井身结构、生产管柱结构、投产方式,并为采气工艺方式及地面集输工程设计提供可行的技术决策依据。

(一)节点分析原理

当气流自气藏采出直到井口分离器,沿途经完井段、油管、气嘴、地面管线,在各环节均有能量消耗,总的能量消耗为各部分在对应于某一产率下能量消耗或增加的总和。各部分压降可根据产率及相关物性参数、设计参数、几何参数等,通过相应的计算公式求出,最后通过与生产动态拟合确定各主要参数,建立起气井生产压力系统分析的数学模型。在气井数学模型建立之后,可根据实际需要确定分析目的,选择所要分析、解决工程问题的解节点和气藏、射孔完井段、油管、垂直管流、地面管线等各主要参数,也可选择出要分析的敏感参数,如分离器压力、气嘴直径、射孔段、气藏压力等进行分析计算。

(二)陕224注采系统节点综合分析

1. 系统节点产量敏感性分析

陕224注采水平井结合地质与气藏工程设计研究结果及设计指标,以地层无阻流量 $500 \times 10^4 \ \mathrm{m}^3/\mathrm{d}$ 进行油管尺寸对产量敏感性分析。计算地层压力30.4MPa,23.5MPa和15.0MPa,井口压力6.4MPa和10MPa,四种油管尺寸: ϕ88.9mm(内径 d =76mm)、ϕ114.3mm(内径 d =99.568mm)、ϕ139.7mm(内径 d =121.361mm)和 ϕ177.8mm(内径 d =158mm)所对应的协调点产量。如图3-2-2至图3-2-5所示。

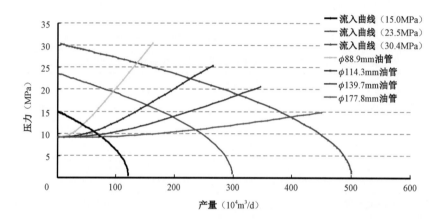

图3-2-2 井口压力6.4MPa时油管对产量敏感性分析图

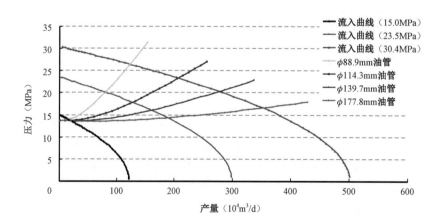

图3-2-3 井口压力10MPa时油管对产量敏感性分析图

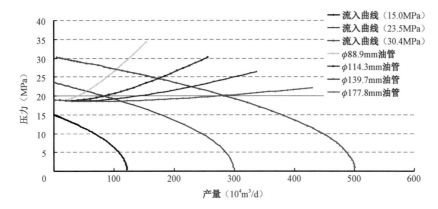

图 3-2-4 井口压力 14MPa 时油管对产量敏感性分析

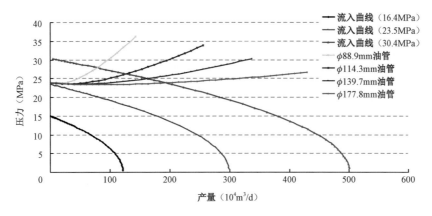

图 3-2-5 井口压力 18MPa 时油管对产量敏感性分析

可以看出,当井口压力为 6.4MPa 时,当地层压力由 30.4MPa 降低至 15.0MPa 时,采用 ϕ177.8mm 油管的协调点产量由 $398.4 \times 10^4 \text{m}^3/\text{d}$ 降低至 $78.8 \times 10^4 \text{m}^3/\text{d}$;采用 ϕ139.7mm 油管的协调点产量由 $306.1 \times 10^4 \text{m}^3/\text{d}$ 降低至 $71.1 \times 10^4 \text{m}^3/\text{d}$;采用 ϕ114.3mm 油管的协调点产量由 $224.1 \times 10^4 \text{m}^3/\text{d}$ 降低至 $61.2 \times 10^4 \text{m}^3/\text{d}$;采用 ϕ88.9mm 油管的协调点产量由 $133.0 \times 10^4 \text{m}^3/\text{d}$ 降低至 $44.0 \times 10^4 \text{m}^3/\text{d}$。

在无阻流量 $150 \times 10^4 \text{m}^3/\text{d}$,$300 \times 10^4 \text{m}^3/\text{d}$,$400 \times 10^4 \text{m}^3/\text{d}$ 和 $500 \times 10^4 \text{m}^3/\text{d}$ 的条件下,模拟分析了不同油管尺寸下储气库采气系统的协调点产量,见表 3-2-2。

表 3-2-2 不同产能气井油管节点分析协调产量数据表

无阻流量 ($10^4 \text{m}^3/\text{d}$)	井口压力 (MPa)	不同油管对应产气量($10^4 \text{m}^3/\text{d}$)			
		ϕ88.9mm ($d=76$mm)	ϕ114.3mm ($d=99.568$mm)	ϕ139.7mm ($d=121.36$mm)	ϕ177.8mm ($d=157.08$mm)
500	6.4	136	228	306	397
	10	123	206	276	350
	14	104	173	228	281
	18	78	127	163	194
	22	41	60	65	70

续表

无阻流量 (10^4m³/d)	井口压力 （MPa）	不同油管对应产气量(10^4m³/d)			
		ϕ88.9mm ($d=76$mm)	ϕ114.3mm ($d=99.568$mm)	ϕ139.7mm ($d=121.36$mm)	ϕ177.8mm ($d=157.08$mm)
400	6.4	131	211	275	334
	10	117	191	245	293
	14	99	159	200	234
	18	73	115	139	158
	22	36	49	57	60
300	6.4	121	185	228	259
	10	109	167	202	228
	14	91	136	162	182
	18	67	97	111	121
	22	30	38	42	43
150	6.4	92	119	129	134
	10	82	105	113	118
	14	52	67	84	90
	18	42	47	56	59
	22	17	18	23	25

2. 冲蚀流量

储气库注采井要求具有应急调峰的能力，要求气井在满足安全的要求下，能够实现最大的注入和采出气量。大排量注采时，高速流动的气体在金属表面上运动，在气体杂质机械磨损与腐蚀介质的共同作用下，会使油管腐蚀加速。高速气体在管内流动时发生显著冲蚀作用的流速称为冲蚀流速。按照气体冲蚀理论，当气体流速超过冲蚀流速时，油管腐蚀加速。表3－2－3是不同油管尺寸、不同井口压力条件下气体临界冲蚀流量。

表3－2－3　不同油管尺寸冲蚀流量计算值表

井口压力 （MPa）	不同油管尺寸冲蚀流量(10^4m³/d)				
	ϕ73.02mm ($d=62.03$mm)	ϕ88.9mm ($d=76$mm)	ϕ114.3mm ($d=99.568$mm)	ϕ139.7mm ($d=121.36$mm)	ϕ177.8mm ($d=157.08$mm)
6.4	32.05	48.16	83.37	126.14	205.52
10	41.59	59.08	102.65	152.5	266.71
14	50.45	71.86	123.33	183.22	323.51
18	57.36	81.71	140.24	208.35	367.8
22	62.59	89.66	153.89	228.64	401.35
26	66.61	96.11	164.96	257.17	427.16
30	69.71	104.75	181.36	269.94	447.03

3. 携液流量分析

陕 224 井区储气库注采水平井设计产气量 $107 \times 10^4 \mathrm{m}^3/\mathrm{d}$,采用 $\phi 139.7\mathrm{mm}$ 油管,直井设计产气量 $26 \times 10^4 \mathrm{m}^3/\mathrm{d}$,采用 $\phi 73.02\mathrm{mm}$ 油管,气井产量完全满足气井连续携液生产要求。

表 3 - 2 - 4　气井携液流量对油管直径的敏感性

井口压力(MPa)	不同油管尺寸的临界携液流量($10^4\mathrm{m}^3/\mathrm{d}$)			
	油管内径 62mm ($\phi 73.02\mathrm{mm}$)	油管内径 76mm ($\phi 88.9\mathrm{mm}$)	油管内径 100.3mm ($\phi 114.3\mathrm{mm}$)	油管内径 121.3mm ($\phi 139.7\mathrm{mm}$)
6	1.494	2.245	3.886	5.690
8	1.731	2.600	4.502	6.591
10	1.938	2.912	5.042	7.382
12	2.123	3.191	5.524	8.088
14	2.290	3.441	5.958	8.723
16	2.441	3.668	6.351	9.298
18	2.578	3.874	6.707	9.820
20	2.703	4.061	7.031	10.294

4. 陕 224 油管尺寸综合优选结果

综合考虑注采井油管应急调峰能力、冲蚀流量、携液生产能力等因素。假设无阻流量 $500 \times 10^4 \mathrm{m}^3/\mathrm{d}$ 时,按照储气库上限压力 30.4MPa 和 23.5MPa、下限压力 16.4MPa 三种情况,计算不同井口压力下,各油管的最大合理产量,见表 3 - 2 - 5。

表 3 - 2 - 5　不同尺寸油管采气能力分析表

地层压力(MPa)	井口压力(MPa)	采气能力($10^4\mathrm{m}^3/\mathrm{d}$)								
		$\phi 88.9\mathrm{mm}$			$\phi 114.3\mathrm{mm}$			$\phi 139.7\mathrm{mm}$		
		协调产量	冲蚀流量	携液流量	协调产量	冲蚀流量	携液流量	协调产量	冲蚀流量	携液流量
30.4	6.4	136	48.16	2.78	228	83.37	4.34	309	126.14	6.39
	8	130	51.56	2.83	219	88.50	4.87	296	130.70	7.19
	10	123	59.08	3.5	206	102.65	5.48	276	152.50	8.10
	12	114	64.80	3.51	192	111.23	6.02	253	164.26	8.90
	14	103	70.52	3.79	174	121.04	6.51	228	178.76	9.62
	16	92	75.65	4.05	153	129.85	6.95	197	191.77	10.27
	18	78	81.71	4.28	127	140.24	7.34	163	208.35	10.84
	20	61	84.29	4.48	98	144.67	7.69	121	213.65	11.36
	22	39	87.90	4.66	58	150.87	8.03	67	222.80	11.82

续表

地层压力 (MPa)	井口压力 (MPa)	采气能力（10⁴m³/d）								
		φ88.9mm			φ114.3mm			φ139.7mm		
		协调产量	冲蚀流量	携液流量	协调产量	冲蚀流量	携液流量	协调产量	冲蚀流量	携液流量
23.5	6.4	97	48.16	2.78	153	83.37	4.79	194	126.14	6.39
	8	89	51.56	2.83	142	88.50	4.87	181	130.70	7.19
	10	81	59.08	3.5	133	102.65	5.48	156	152.50	8.10
	12	70	64.80	3.51	109	111.23	6.02	132	164.26	8.90
	14	56	71.86	3.79	81	123.33	6.51	102	183.22	9.62
15.0	6.4	44	48.16	2.78	61	83.37	4.34	71	126.14	6.39
	8	31	51.56	2.83	33	88.50	4.87	35	130.70	7.19
	10	18	59.08	3.50	19	102.65	5.48	20	152.50	8.10

由表 3-2-5 可知，在陕 244 气藏条件下，ϕ88.9mm 油管可以满足 $50×10^4 \sim 80×10^4 m^3/d$ 的合理产量，ϕ114.3mm 油管可以满足 $60×10^4 \sim 140×10^4 m^3/d$ 的合理产量，ϕ139.7mm 油管可以满足 $70×10^4 \sim 190×10^4 m^3/d$ 的合理产量。为满足采气量要求，水平井油管尺寸采用 ϕ139.7mm。

三、完井管柱与完井工具设计

完井管柱是储气库安全运行的重要保证，是正常注采、井下作业等管柱作业的前提和基础。鄂尔多斯盆地低渗透碳酸盐岩气藏储气库主要从完井管柱结构设计、完井工具设计和管柱强度校核等方面开展了相关研究，在陕 224 储气库水平注采井均下入悬挂压力计注采管柱。

（一）管柱结构设计

完井管柱结构是以实现注采为目的的各种功能工具的组合体，是注采管柱的核心。根据储气库建设的不同需求，首先应确定完井管柱结构设计的原则。根据完井管柱需要实现的功能，确定管柱结构。根据管柱解构的特点，设计各功能工具，同时，对完井管柱进行强度校核。最后设计完井管柱的下入方式及流程。

1. 国内外地下储气库完井管柱结构

国内外储气库均将井下安全阀和封隔器作为地下储气库的必备工具。如图 3-2-6 所示。封隔器通常连接于完井管柱下部，用于封隔完井管柱和套管环形空间，替充环空保护液，防止、减缓封隔器上部套管腐蚀，起到保护完井管柱和套管，延长管柱和套管使用寿命的作用；同时，通过地面压力监控和井口观察，确定环空保护液液面的变化，验证完井管柱和套管的完整性，预防、管控完井管柱和套管破损串漏风险。井下安全阀通常连接于完井管柱上部，位于距井口 50～100m，通过地面液控系统控制，实现井下开、关井，主要用于生产过程中完井管柱内部的应急安全控制、井口检修、地面设备检修等作业，它是地下储气库注采井安全系统的核心组成部分,对于注采井的安全运行有着重要意义。完井管柱其他井下工具的配备,主要根据储气库不同需求,结合自身特点,通常会配接伸缩节、坐落接头等工具,满足管柱强度的设计、地质、工程和后期井筒维护等需求。完井管柱下入位置通常在直井段,以便后期井筒维护、更换管柱等作业的实施(图3-2-6、表3-2-6)。

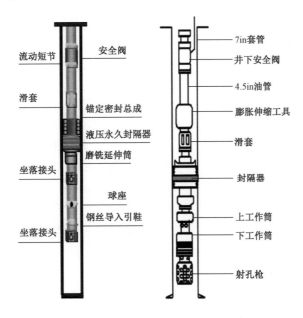

图3-2-6 国内外典型完井管柱示意图

表3-2-6 国内外典型注采井完井管柱结构对比表

名称	共性	优点	缺点
金坛储气库	均配套安全阀,可实现井下快速关断; 均配套封隔器保护上部套管均配套坐落接头,为后续作业提供条件;封隔器和实施管柱内封隔; 均配套滑套,可建立循环通道; 环空均顶替环空保护液,保护套管	和更换注采管柱封隔器坐封作业简便	不能实时监测井下压力; 油管通过性较差
大港储气库		射孔注采一体化	伸缩节可能成为泄漏点;可回收封隔器可靠性有待验证; 油管通过性较差
UGS公司(法国)所属地下储气库		注采管柱功能较完整	不能实时监测井下压力; 油管通过性较差

2. 陕224储气库完井管柱结构设计原则

根据国内外储气库完井管柱普遍经验,根据鄂尔多斯盆地低渗透碳酸盐岩气藏储气库地质设计特点、后期工程维护作业需求,确定了鄂尔多斯盆地低渗透碳酸盐岩气藏储气库完井管柱结构设计原则如下:

(1)满足调峰生产需要;

(2)气流不冲蚀;

(3)满足防腐要求;

(4)满足携液生产要求;

（5）抗拉、抗挤和抗内压强度满足注采需求；

（6）在保证安全和生产需求的前提下，管柱结构简单、经济实用。

3. 陕224注采井完井管柱结构

根据设计原则及要求，并借鉴国内外储气库注采井完井管柱结构设计经验，设计了鄂尔多

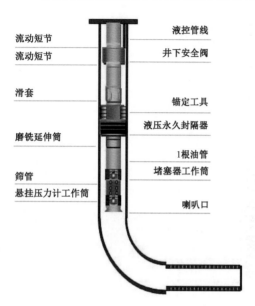

图3-2-7 注采井悬挂压力计测压完井管柱示意图

斯盆地低渗透碳酸盐岩气藏储气库注采井悬挂压力计测压管柱，管柱结构为（自上而下）：油管+流动短节+井下安全阀+流动短节+油管+滑套+油管+锚定工具+液压永久封隔器+磨铣延伸筒+油管+堵塞器工作筒+筛管+悬挂压力计工作筒+喇叭口。管柱结构如图3-2-7所示。

同时，结合现场管柱作业实际，为方便完井工具的下入和气密封检测的实施，在未直接连接的完井工具两端均配接1.0~2.0m油管短节。该型管柱具有结构简单、性能安全、功能可靠、工具成熟和成本较低的特点，同时，具备以下功能：

（1）可实现井下快速关断，及时有效地控制完井管柱内通道；

（2）可建立油套环空循环通道，为后期环空保护液的替换及压井作业创造条件；

（3）可通过机械动作起出封隔器上部管柱，新入井管柱插入封隔器密封，实现完井管柱对接，便于后期完井管柱的检修和更换；

（4）可在正常生产的同时，根据需要实时监控井下温度、压力变化情况，及时掌握井下情况，指导储气库运行参数的调整，促进储气库运行效益的最大化。

（二）完井工具设计

完井工具是实现注采管柱功能的基础，是储气库正常运行的关键。

1. 完井工具功能设计

依据中国石油天然气股份有限公司（勘探与生产分公司文件）《油气藏型储气库钻完井技术要求（试行）》（油勘〔2012〕32号）和鄂尔多斯盆地低渗透碳酸盐岩气藏储气库注采井悬挂压力计测压管柱结构要求，设计完井工具的不同功能要求及用途。详见表3-2-7。

2. 完井工具材质设计

由于储层中已含有 H_2S 等腐蚀或有害介质，会直接影响完井工具的使用寿命，因此，需要结合储层条件、注入气质和运行参数等因素优选合理的工具材质（表3-2-8），既能实现完井工具应有的功能，也能满足经济有效的需求。因为完井工具所处井下环境与油管相同，鉴于完井工具通常具有较复杂的机械构造，同时具备一定井下功能，因此，完井工具材质设计应与油管材质相同或高一等级[9]。

表 3 - 2 - 7 完井工具功能及用途表

工具名称	项目	内容
井下安全阀	功能	可靠的密封； 具有自平衡系统； 自锁常开； 地面控制开关
	用途	紧急情况下实现井下关井； 日常井口装置检修时井下关井； 其他需要井下关井的情况
流动短节	功能	稳定安全阀两端流体流动状态
	用途	安装于安全阀的两端,消减对井下安全阀的冲蚀
滑套	功能	连通油套环空
	用途	采用钢丝作业下入专用工具,可实现滑套开、关,满足替换保护液、循环压井等需要
锚定工具	功能	稳定完井管柱； 与封隔器可靠密封； 可解锁取出
	用途	可通过机械动作起出上部管柱,同时,可重复与封隔器实现插入密封
液压永久封隔器	功能	密封,保护上部套管免受流体腐蚀
	用途	封隔油、套环空； 承载环空保护液
磨铣延伸筒	功能	打捞工具
	用途	采用专用工具磨铣封隔器的同时打捞磨铣延伸筒起出下部管柱
堵塞器工作筒	功能	通过投放堵塞器封隔油管内部
	用途	封堵油管,液压坐封封隔器； 封堵油管,循环环空保护液等
筛管	功能	流体通道
	用途	下入测压计后,提供注采通道
悬挂压力计工作筒	功能	可实现对井下测试仪器的悬挂和锁定
	用途	承载压力计等井下测量仪器
喇叭口	功能	导向
	用途	为连续油管过油管作业提供安全保障

表 3 - 2 - 8 不同材质完井工具适用性对比表

材质类型	耐受 H_2S	耐受 CO_2	相对成本
4130/4140	良好	较差	1
9Cr1Mo	一般	良好	1.5
13Cr	较差	良好	2.25
超级 13Cr	一般	良好	3
镍基合金	优	优	8 - 25

因此,陕 224 储气库注采水平井完井工具材质 2 口井选用超级 13Cr,1 口井选用 9Cr1Mo。

3. 完井工具主要参数设计

(1)压力等级:根据地层压力情况,结合压裂改造预期,设计压力等级 70MPa。

(2)温度等级:根据储层温度情况,设计温度等级 120℃。

(3)通径:当气体流速超过冲蚀流速时,工具腐蚀加重。根据气体冲蚀流量校核工具通径(表 3-2-9)。

表 3-2-9 不同通径冲蚀流量对比表

工具通径(mm)	110				115				120			
井口压(MPa)	6.4	10	15	28	6.4	10	15	28	6.4	10	15	28
安全阀冲蚀流量($10^4 m^3/d$)	97.0	121.2	148.5	202.9	106.0	132.5	162.3	221.2	115.4	144.3	204.1	241.4
封隔器冲蚀流量($10^4 m^3/d$)	110.6	129.8	133.3	188.5	120	141	165.5	206	129.7	152.6	179.3	224.4

(4)螺纹类型:为保证工具的气密性,同时考虑与油管的无缝连接,设计工具螺纹类型为与油管一致的气密封螺纹类型,完井工具螺纹类型为 5½in 3SB-5TPI。

(5)完井工具连接及位置设计

根据地质条件及注采需求,对主要工具的连接和位置设计见表 3-2-10。

表 3-2-10 完井工具连接及位置设计表

工具名称	位置	连接
流动短节	与安全阀连接	两端配接油管短节
井下安全阀	距井口约 80m	
滑套	封隔器上部 1 根油管	两端配接油管短节
锚定工具	与封隔器上部连接	两端配接油管短节
液压永久封隔器	喇叭口上部 1 根油管	
磨铣延伸筒	与封隔器下部连接	
堵塞器工作筒	磨铣延伸筒下部 1 根油管	两端配接油管短节
悬挂压力计工作筒	与喇叭口连接	
筛管	与堵塞器工作筒下部和悬挂工作筒上部连接	上端配接油管短节
喇叭口	距造斜点或悬挂器上部约 50m	

4. 完井工具下入工序设计及要求

为保证完井工具在井下正常工作,设计作业程序如下:刮管→通、洗井→下完井工具→替环空保护液→钢丝作业下入堵塞器→坐封封隔器→钢丝作业起出堵塞器→完井。

由于注采井不同于常规单井,完井工具下入较常规工具下入有以下特殊要求:

(1)刮管时在封隔器坐封段上下 5m 多次反复刮管,提高坐封成功率和效果;

（2）管柱所有螺纹连接处必须进行气密封检测；

（3）坐封封隔器后应验封。

（三）完井管柱强度校核

对注采过程中的管柱的强度进行理论校核是保证完井管柱安全性的必要条件，为此，采用有限元和软件两种校核方法，实施了完井管柱的强度校核。

1. 有限元分析

注采井同一般的气井相比，具有注采气量大、压力高等特点，运行过程中管柱承受的温度、压力变化较大。利用考虑传热、相变、生产时间等因素的气井井筒温度、压力分布模型以及弹性力学理论分析，计算温度、气体压力、油管自重、封隔液、产气量等对油管柱应力和轴向变形的影响，根据有限元理论，建立作用力分析模型[12]。

温度计算：

$$t = (t_h - t_0)(aq - bq^2) + t_0 \tag{3-2-1}$$

式中　t——温度，℃；

　　　t_h——井底温度，℃；

　　　t_0——井口温度，℃；

　　　q——注入/采出的气量，$10^4 m^3/d$；

　　　a,b——常数，可以根据本地区其他井已有参数拟合得到。

内压变化引起的应力：

$$\sigma = \frac{2\nu}{b^2 - a^2}(a^2 p_i - b^2 p_o) \tag{3-2-2}$$

式中　a——油管内半径，m；

　　　b——油管外半径，m；

　　　ν——泊松比；

　　　p_i——油管所受内压，即流动气柱产生的压力，MPa。

$$\int_{p_{tf}}^{p_{wf}} \frac{\frac{p}{ZT}}{\left(\frac{p}{ZT}\right)^2 + \frac{1.324 \times 10^{-18} fq^2}{d^5}} dp = \int_0^h 0.03415\gamma_g dh \tag{3-2-3}$$

式中　p_{wf}——井底压力，MPa；

　　　p_{tf}——井口压力，MPa；

　　　h——井深，m；

　　　Z——天然气的偏差系数；

　　　d——油管内径，m；

　　　f——摩阻系数；

　　　γ_g——气体相对密度；

p_o——油管所受外压，即环空中液体体静压力，MPa。

$$p_o = \rho g h \qquad (3-2-4)$$

式中　ρ——环空中液体的密度，kg/m^3；

　　　g——重力加速度，m/s^2；

　　　h——环空液体的垂深，m。

完井管柱应力计算：

$$KQ = F \qquad (3-2-5)$$

式中　K——刚度矩阵；

　　　Q——位移列阵；

　　　F——载荷列阵。

$$
K = \begin{bmatrix}
E\dfrac{A_1}{l_1}+C & -E\dfrac{A_1}{l_1} & 0 & & & \\
-E\dfrac{A_1}{l_1} & E\dfrac{A_1}{l_1}+E\dfrac{A_2}{l_2} & -E\dfrac{A_2}{l_2} & & 0 & \\
0 & -E\dfrac{A_2}{l_2} & E\dfrac{A_2}{l_2}+E\dfrac{A_3}{l_3} & & & \\
& & & \cdots\cdots & & \\
& & & E\dfrac{A_{n-2}}{l_{n-2}}+E\dfrac{A_{n-1}}{l_{n-1}} & -E\dfrac{A_{n-1}}{l_{n-1}} & 0 \\
& 0 & & -E\dfrac{A_{n-1}}{l_{n-1}} & E\dfrac{A_{n-1}}{l_{n-1}}+E\dfrac{A_n}{l_n} & -E\dfrac{A_n}{l_n} \\
& & & 0 & -E\dfrac{A_n}{l_n} & E\dfrac{A_n}{l_n}+C
\end{bmatrix}
$$

式中　E——材料的弹性模量，MPa；

　　　A_i——计算单元横截面积，m^2；

　　　l_i——计算单元长度，m；

　　　C——附加刚度，MPa。

$$
F = \begin{bmatrix}
\dfrac{A_1 l_1 f}{2} - EA_1\left[\alpha\Delta t_1 + \dfrac{2\nu}{(b^2-a^2)E}(a^2 p_{i1} - b^2 p_{o1})\right] \\[2ex]
A_2 l_2 f + EA_1\left[\alpha\Delta t_1 + \dfrac{2\nu}{(b^2-a^2)E}(a^2 p_{i1} - b^2 p_{o1})\right] - EA_2\left[\alpha\Delta t_2 + \dfrac{2\nu}{(b^2-a^2)E}(a^2 p_{i2} - b^2 p_{o2})\right] \\[2ex]
A_3 l_3 f + EA_2\left[\alpha\Delta t_2 + \dfrac{2\nu}{(b^2-a^2)E}(a^2 p_{i2} - b^2 p_{o2})\right] - EA_3\left[\alpha\Delta t_3 + \dfrac{2\nu}{(b^2-a^2)E}(a^2 p_{i3} - b^2 p_{o3})\right] \\[2ex]
\cdots\cdots \\[2ex]
A_{n-2} l_{n-2} f + EA_{n-2}\left[\alpha\Delta t_{n-2} + \dfrac{2\nu}{(b^2-a^2)E}(a^2 p_{in-2} - b^2 p_{on-2})\right] - EA_{n-1}\left[\alpha\Delta t_{n-1} + \dfrac{2\nu}{(b^2-a^2)E}(a^2 p_{in-1} - b^2 p_{on-1})\right] \\[2ex]
A_{n-1} l_{n-1} f + EA_{n-1}\left[\alpha\Delta t_{n-1} + \dfrac{2\nu}{(b^2-a^2)E}(a^2 p_{in-1} - b^2 p_{on-1})\right] - EA_n\left[\alpha\Delta t_n + \dfrac{2\nu}{(b^2-a^2)E}(a^2 p_{in} - b^2 p_{on})\right] \\[2ex]
\dfrac{A_n l_n f}{2} + \dfrac{f h^2}{2AE} + EA_n\left[\alpha\Delta t_n + \dfrac{2\nu}{(b^2-a^2)E}(a^2 p_{in} - b^2 p_{on})\right]
\end{bmatrix}
$$

式中 f——油管的重度，N/m^3；

p_{ii}——油管第 i 个计算单元所受的内压，Pa；

p_{oi}——油管第 i 个计算单元所受的外压，Pa。

$$\sigma_i = \frac{E}{l_i}\begin{bmatrix} -1 & 1 \end{bmatrix}\begin{bmatrix} q_{i+1} \\ q_i \end{bmatrix} - E\left[\alpha\Delta t_i + \frac{2\nu}{(b^2-a^2)E}(a^2 p_{ii} - b^2 p_{oi}) \right] \quad (3-2-6)$$

式中 σ_i——油管第 i 个计算单元所受的轴向应力，Pa；

l_i——油管第 i 个计算单元的长度，m；

q_i——油管第 i 个节点的位移，m；

Δt_i——油管第 i 个计算单元的温度变化量，℃。

2. Cyber - String 软件分析

根据储气库运行参数，设置 Cyber - String 软件运行参数，对注、采等过程中完井管柱受力情况进行分析（图 3 - 2 - 8）。

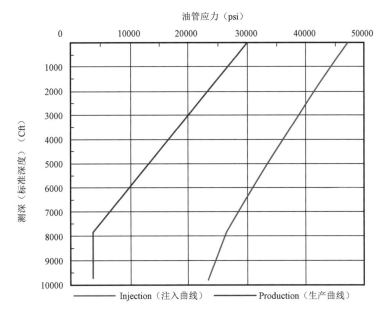

图 3 - 2 - 8 某参数下完井管柱力学曲线图

3. wellcat 软件受力分析

根据储气库运行参数，设置 wellcat 受力分析软件运行参数，对注气、采气等过程中完井管柱受力情况进行分析（图 3 - 2 - 9 至图 3 - 2 - 13）。

4. 完井管柱强度校核

陕 224 储气库水平井注采井采用钢级为 P110 的 ϕ139.7mm × 9.17mm 油管作为完井油管，则当抗拉安全系数取 1.5 时，最大下深可达 4738m（表 3 - 2 - 11）。根据鄂尔多斯盆地低渗透碳酸盐岩气藏储气库地质条件，可满足注采井下深要求。

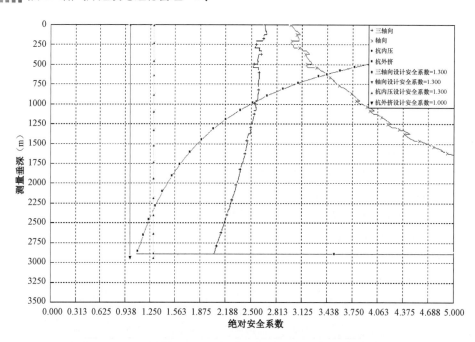

图 3 - 2 - 9　某参数条件完井管柱注气工况下的绝对安全系数图
（安全系数—注入—0.13970m 生产套管）

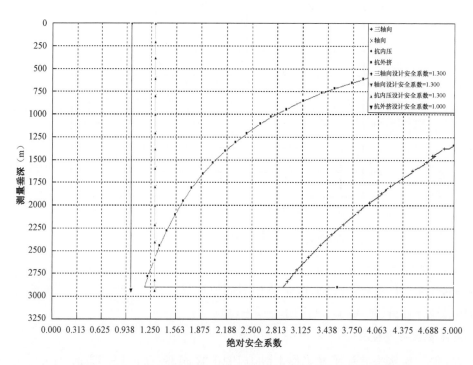

图 3 - 2 - 10　某参数条件完井管柱采气工况下的绝对安全系数图
（安全系数—注入—0.13970m 生产套管）

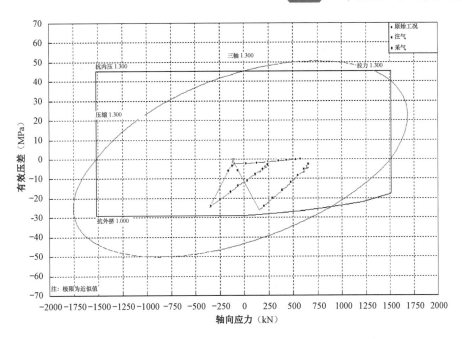

图 3 - 2 - 11　某参数条件完井管柱注采工况下的三轴向安全系数图
（设计极限—013970m 生产套管—剖面 1—外径 0.13970m—14000ppf—钢级 P - 110）

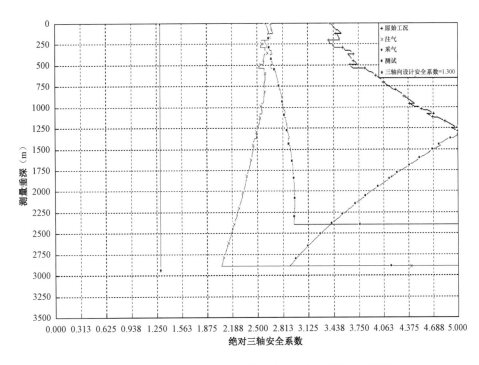

图 3 - 2 - 12　某参数条件完井管柱注采工况下的安全范围图
（三轴安全系数—0.13970m 生产套管）

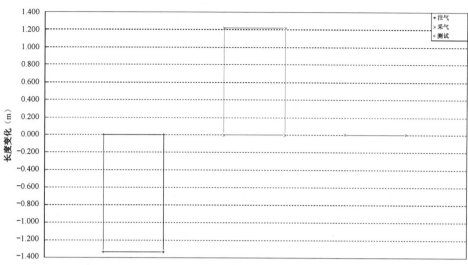

图 3 - 2 - 13　某参数条件完井管柱注采工况下的热效应导致管柱长度变化图
（长度变化条形图—0.13970m 生产套管—热效应）

表 3 - 2 - 11　油管强度校核表

钢级	公称直径（mm）	壁厚（mm）	公称线重（N/m）	抗外挤（MPa）	抗内压（MPa）	抗拉（kN）	安全系数	油管下入深度（m）
P110	139.7	9.17	292	60.9	63.4	2073	1.5	4738

设置完井管柱受力分析参数,详见表 3 - 2 - 12,进行有限元分析和软件分析。

表 3 - 2 - 12　气井基本参数及注采参数表

管柱下深（m）	3000	井底温度（℃）	107	环空保护液密度（kg/m³）	1000
注气最高井口压力（MPa）	30	采气最高井底压力（MPa）	30	注入气体温度（℃）	20
注气量(10^4 m³/d)		200			
采气量(10^4 m³/d)		200			

1）采气

采气过程中,管柱温度增高,使管柱产生延伸趋势,而内压使管柱产生缩短趋势,由于管柱受永久式封隔器固定,管柱的变形趋势转变为轴向力。

根据有限元和 Cyber - String 软件得到,采气过程中完井管柱安全系数分别为 2.52 和 2.05（表 3 - 2 - 13）。油管挂和封隔器受力方向均向下。

表 3-2-13　有限元和 Cyber-String 软件采气过程力学分析表

项目	有限元	Cyber-String 软件
油管抗拉强度(kN)	2073	2073
井口压力(MPa)	30	30
井口油管最大拉力(kN)	821	1008.79
安全系数	2.52	2.05

根据 wellcat 软件得到,采气过程中完井管柱最小绝对三轴向安全系数为 2.9,最小绝对抗外挤安全系数为 8.859(表 3-2-14)。

表 3-2-14　wellcat 受力分析软件分析表

最小绝对三轴向安全系数	最小绝对抗内压安全系数	最小绝对抗外挤安全系数	最小绝对轴向安全系数
2.9	>5.0	8.859	3.3

2)注气

注气过程中,井口管柱内压增大,气流温度低于注气前井筒温度,管柱产生缩短趋势,由于管柱受永久式封隔器固定,管柱的变形趋势转变为轴向力,轴向力增大。

根据有限元和 Cyber-String 软件得到,注气过程中完井管柱安全系数分别为 1.78 和 1.98(表 3-2-15)。油管挂和封隔器受力方向均向下。

表 3-2-15　注气过程力学分析参数表

项目	有限元	Cyber-String 软件
油管屈服强度(kN)	2073	2073
井口压力(MPa)	30	30
井口油管最大拉力(kN)	1163	1048.81
安全系数	1.78	1.98

根据 wellcat 软件得到,注气过程中完井管柱最小绝对三轴向安全系数为 2.052,最小绝对抗外挤安全系数为 1.089(表 3-2-16)。

表 3-2-16　wellcat 受力分析软件分析表

最小绝对三轴向安全系数	最小绝对抗内压安全系数	最小绝对抗外挤安全系数	最小绝对轴向安全系数
2.052	>5.0	1.089	3

通过有限元和 Cyber-String 软件分析,可以得到:在注采过程中,完井管柱受力安全系数最小为 1.78,管柱是安全的。其中油管挂和封隔器是受力的关键点,受力方向均向下。

根据 wellcat 软件分析,从绝对安全系数图可得到:在注采过程中完井管柱最小绝对三轴向安全系数分别为 2.052 和 2.9,最小绝对抗外挤安全系数分别为 1.089 和 8.859。从管柱长度变化可以得到:注气时,由胡克定律导致油管伸长 0.614m,由膨胀引起管柱伸长 0.725m,由热效应引起管柱缩短 1.339m,管柱总体变化为 0。采气时,由胡克定律导致油管缩短 1.896m,由膨胀引起管柱伸长 0.680m,由热效应引起管柱伸长 1.216m,管柱总体变化为 0m。从安全范围图可得到:注气和采气过程中,完井管柱的载荷都在安全范围内。

(四)完井管柱实践

根据完井管柱结构设计和下入流程,结合现场实际情况,实施水平注采井完井管柱的下入。

1. 完井工具下入准备

(1)完井工具全部采用进口工具,材质为 S13Cr110MY 和 9Cr1Mo,压力等级 10000psi。

(2)在工厂内完成完井工具两端 1.0 ~ 2.0m 油管短节的连接,上扣扭矩范围为 8280 ~ 5520N·m,并测试完井工具耐压,测试值为工具压力值为 7000psi。

(3)下 9⅝in 刮管器,在封隔器设计坐封位置(避开套管接箍 2m 以上)±10m 范围内反复刮管 5 次,反循环钻井液,至返出液无杂质、进出口密度一致。

2. 完井工具下入

(1)根据悬挂压力计完井管柱结构,自下而上为:引鞋 + RN 型坐落接头 + 油管短节 + 带孔管 + 油管短节 + R 型坐落接头 + 油管短节 + 1 根油管 + 油管短节 + 磨铣延伸筒 + MHR 永久封隔器 + 锚定密封总成 + 油管短节 + 1 根油管 + 油管短节 + 滑套 + 油管短节 + 油管 + 油管短节 + 下流动短节 + SP 井下安全阀 + 上流动短节 + 油管短节 + 油管 + 油管挂。使用微牙痕液压钳进行上扣,依次下入完井工具。

(2)在地面对所有螺纹连接处进行气密封检验,验封压力 35MPa。

(3)安全阀连接液控管线地面试压 5000psi,下入过程中安全阀保持开启状态。

(4)安全阀上部油管接箍处均安装过油管接箍液控管线保护器固定液控管线。

(5)液控管线实施 2 次穿越(油管挂和井口)。安全阀液控管线试压 5000psi,15min 不降。安装井口。

(6)保持井下安全阀处于打开状态,用 1.5 倍井容活性水反洗井,洗至进出口水色一致。

(7)保持井下安全阀处于打开状态,反替环空保护液,至井口返出还空保护液。

3. 坐封封隔器

(1)投放锁定心轴至封堵坐落接头,再下入平衡杆至锁定心轴,封堵油管。

(2)油管分别泵入液压 5MPa,稳压 5min 不降;15MPa,稳压 10min 不降;20MPa,稳压 10min 不降,25MPa,稳压 15min 不降,完成坐封封隔器。

(3)钢丝作业打捞平衡杆堵塞器,上提锁定心轴约 50m,环空泵入液压 10MPa,稳压 30min 未降,验封合格后泄压,捞出锁定心轴。

(4)连接安全阀液控管线到地面控制柜,完井。

四、油管选材及防腐工艺

(一)油管选材

参照套管选材方案,油管选材方案见表 3 – 2 – 17。

表 3 - 2 - 17　表注采井油管选材方案

方案	油管材质	配套方案
方案一	超级 13Cr	—
方案二	抗硫管材	DPC 内涂层

(二)气井防腐工艺研究

考虑到注采井酸化过程残酸对油管的腐蚀影响,以及为了防止在试采和储气库运行阶段油管内壁在高速流体环境中的内腐蚀,建议采用环氧酚醛高温烧结性 DPC 有机涂层。

储气库注采气井采用永久式封隔器完井,油套环空不连通,不能正常加注缓蚀剂,为了保护油管外壁和套管内壁,环空坐封后加注高性能的保护液。

通过环空坐封加注保护液和油管内防腐,实现井筒全防腐,确保井筒安全,达到储气库注采井长期安全运行的要求。

1. 内涂层

内涂防护工艺可以在不影响气井其他作业,不改变管材机械性能的情况下,大幅提高管材耐蚀性。针对内腐蚀,采用具有优良的耐蚀耐磨高强度性能,抗 H_2S 和 CO_2 腐蚀的有机 DPC 涂层。

1)工艺原理

内涂防护工艺是针对油管的内腐蚀,采用高效有机 DPC 内涂层。即内防腐采用成熟的高性能 DPC 环氧酚醛高温烧结性涂层,机械性能和耐酸碱能力优良,避免了下井过程中的碰、磨等机械损伤,而且不影响气井的井下工具作业。

2)内涂层在模拟酸压环境中的性能

为了评价内涂层能否适应酸化、压裂条件下的恶劣环境,室内开展了综合性能评价。

抗扭试验反映扭力状态下涂层的变化。试验后将试片切开,涂层外观无变化,附着力检验为 B 级,见表 3 - 2 - 18。

表 3 - 2 - 18　内涂层抗扭矩性能

试验值(N·m)	3000	6000	12000
涂层外观	无变化	无变化	无变化
附着力检验	B 级	B 级	B 级

检验管材涂层在受到小于或等于屈服拉力情况下涂层变化情况,采用 WE - 600 万能材料试验机,试样尺寸(长 × 宽 × 厚):200mm ×45mm ×9.19mm,涂层管材受拉力在屈服极限内,涂层完好无损,见表 3 - 2 - 19。

表 3 - 2 - 19　管材内涂层拉伸试验性能

试样编号	屈服极限 (N/mm²)	受力横断面 (mm²)	理论屈服拉力 (kN)	实际拉力 (kN)	涂层 变化情况
1	724	329.9	238.85	240	无
2	724	326.25	236.20	300	部分损坏
3	724	325.79	235.87	235	无

螺纹抗漏失试验条件:93℃,10% HCl + 3% HF,12h,涂层厚度 160μm,油管接箍先连接注入酸液,恒温放置,检验螺纹处涂层变化。结果表明涂层无脱落腐蚀,表明该工艺能满足现套管螺纹不被腐蚀液侵入,如图 3 - 2 - 14 和图 3 - 2 - 15 所示。

图 3 - 2 - 14　试验后油管接箍情况

图 3 - 2 - 15　试验后油管接箍剖面情况

管体接头部位采用该涂装工艺,保证了涂层的完整性和特殊螺纹对密封性的要求,可使管柱内形成完整封闭的涂层面,屏蔽有害介质。

用热浴锅恒温至93℃,到预定时间后,倒空管子切开观察涂层表面无气泡,无脱落,完好如初,涂层较耐酸性环境,见表 3 - 2 - 20。

表 3 - 2 - 20　涂层在酸性环境下的耐蚀性能

试验介质	15% HCl	12% HCl + 3% HF	9% HCl + 6% HF
试验时间(h)	12	8	8

将试片放入 20% HCl 溶液中,在 70MPa,80℃的情况下,历经 4h,涂层完好,无气泡、无脱落。表明涂层能经受酸化压裂时强酸、高温、高压的恶劣环境。

涂层在高温、高压和强碱条件下表面无鼓泡,无脱落,无开裂,黏附力不损失一个字母级,见表 3 - 2 - 21。

表 3 - 2 - 21　涂层在高温、高压、强碱情况下的耐蚀性能

试验介质	试验温度(℃)	试验压力(MPa)	试验时间(h)
碱性溶液(pH 值为 12.5)	148	70	16

图 3 - 2 - 16　防腐油管现场形貌

3)防护效果验证

2007—2012 年,该技术在靖边气田 24 口高腐蚀大修气井全井段试验,防腐油管现场形貌如图 3 - 2 - 16 所示。

为评价涂层防腐技术腐蚀防护效果,跟踪靖边气田 24 口内涂外喷防腐措施气井,整体实施效果良好。

特别是对 2007 年试验的 SCK - 26 井和 SCK - 27 井进行不压井腐蚀检测,历时 3 年,对比评价更换防腐前后腐蚀情况和防腐效果,发现内涂外喷防护

工艺适应高产水、高腐蚀气井的长期防护要求,能延长管柱寿命 3 倍以上(表 3 - 2 - 22)。

SCK - 26 井和 SCK - 27 井的防腐前油管腐蚀形貌如图 3 - 2 - 17 和图 3 - 2 - 18 所示。

表 3 - 2 - 22   试验井的基本腐蚀参数

井号	日产水量 （m³）	CO₂含量 （%）	H₂S含量 （mg/m³）	Cl⁻含量 （g/L）	矿化度 （g/L）	正常生产时间 （a）	折算最大腐蚀速率 （mm/a）
SCK - 26	15.98	5.07	89.69	162.97	256.62	1.5	3.67
SCK - 27	25.37	5.05	11.21	104.78	165.4	5.4	1.03

图 3 - 2 - 17   SCK - 26 井油管腐蚀形貌

图 3 - 2 - 18   SCK - 27 井油管腐蚀形貌

2010 年对这 2 口井进行了不压井条件下的腐蚀检测,检测结果如图 3 - 2 - 19 和图 3 - 2 - 20 所示。结果表明,采取组合防腐措施生产 3 年多后,管柱内腐蚀轻微,腐蚀程度处于 5% 左右。

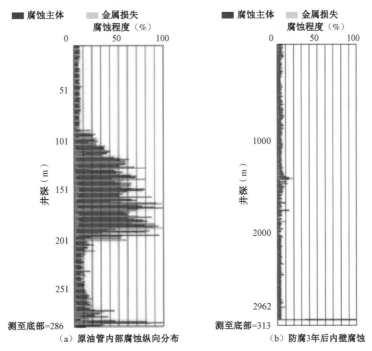

图 3 - 2 - 19   SCK - 26 井油管腐蚀检测结果

腐蚀程度—腐蚀量达到油管本体壁厚的百分数

相比更换前，SCK-26井油管正常生产时间仅为1.5年，折算最大腐蚀速率为3.67mm/a，SCK-27井正常生产时间为5.4年，折算最大腐蚀速率1.03mm/a，说明防腐措施效果良好。

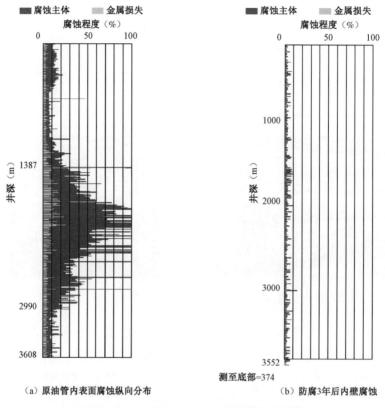

（a）原油管内表面腐蚀纵向分布　　　　　　（b）防腐3年后内壁腐蚀

图3-2-20　SCK-27井油管腐蚀检测结果

腐蚀程度—腐蚀量达到油管本体壁厚的百分数

2. 环空保护液

油套环空采用注入高性能环空保护液防腐工艺。

1）作用及选择标准

在复杂、高产气井的完井过程中，为保护油套环空，一般配套高性能环空保护液。其作用为：(1)保护套管内壁、油管外壁和完井工具（井下安全阀、液控管线和封隔器等），防止凝析水或酸性介质造成的腐蚀；(2)平衡地层压力，减小封隔器工作压差，保证坐封可靠。

环空保护液的选择标准是：(1)不产生固相沉淀，稳定性好；(2)在修井或投产时不伤害储层，保护油气层能力强；(3)无腐蚀，且防腐能力好。

2）性能指标对比及要求

根据流体连续相的性质，环空保护液分为水基和油基两种类型。油基环空保护液主要由轻质油、芳香烃等组成，密度比水基保护液低，在高温下的热稳定性好，但相对成本高，对封隔器胶筒有长期老化影响。水基环空保护液相对成本低，在国内普光气田和长北合作区、大张坨储气库气井等都有应用，但要达到高缓蚀率需要有缓蚀、杀菌和除氧等组分，配伍性和长期的稳定性都需要大量实验来优化，优缺点对比见表3-2-23。

表3－2－23　油基环空液与水基环空液优缺点对比

项目	水基环空保护液	油基环空保护液
热稳定性	一般	较好
腐蚀性	本身有腐蚀	无腐蚀
经济成本	价格低	价格是水基的3~5倍
有效期	较长	更长
施工操作性	配置简单,易操作	专业队伍操作

根据表3－2－23可以看出,从热稳定性及腐蚀性考虑,油基环空保护液优于水基环空保护液;从经济成本及施工操作性考虑,水基环空保护液优于油基环空保护液。

3)环空保护液性能对比

参考国内外储气库所用环空保护液的指标要求,并依据储气库建设相关指导意见,环空保护液指标要求主要有:(1)不产生固相沉淀,稳定性好,与完井液、地层水的配伍性良好;(2)对封隔器胶筒、密封圈等有机材质配件的老化影响小;(3)缓蚀率达到90%以上。

4)环空保护液适应性研究

目前,国内外储气库对油套管环空保护,均采用环空保护液,参考其他储气库所用环空保护液配方,以及目前储气库建库区的腐蚀环境,优选环空保护液UGI－1配方为:主剂1.6% + OS－2除氧剂0.2% + 水98.2%,开展适应性研究。

(1)配伍性实验。

选择高、中、低3种矿化度的水溶液,开展环空保护液配方体系配伍性研究,3种矿化度水介质的化学成分见表3－2－24。在3种矿化度水中,环空保护液静置6个月,未发现固相沉淀或絮凝。说明矿化度对环空保护液的稳定性没有影响,与不同矿化度地层水的配伍性良好。

表3－2－24　高、中、低三种矿化度水质成分

成分	Cl^-（mg/L）	矿化度（mg/L）
高矿化度水质	87653	131020
中矿化度水质	21563	33637
低矿化度水质	9306	14678

(2)对封隔器的胶筒老化影响。

开展了环空保护液对胶筒老化试验,水质成分见表3－2－25,老化试验结果见表3－2－26。可以看出,胶筒材料(HNBR 氢化丁腈橡胶)30天老化前后各项性能指标的变化率均符合HG/T 2702—2016《油气田用扩张式封隔器胶筒》标准要求(表3－2－26和表3－2－27),达到较高的控制水平,环空保护液对胶筒的老化影响小。

表3－2－25　试验用环空保护液水质成分

成分	Cl^-（mg/L）	矿化度（mg/L）	pH 值
试验水质	21978	35582	6.5

表3-2-26　胶筒在环空保护液水质中30天老化前后的各项性能指标

检测项目	老化前	老化后	变化率(%)
质量（g）	2.7881	2.8590	+2.5
体积（cm³）	0.5725	0.5910	+2.4
尺寸（mm）	50.38	50.20	-0.4
表面积（mm）	12.10	11.90	-1.7
硬度（度）	70	72	+2
拉伸强度（MPa）	18.1	18.3	+1.1
扯断伸长率（%）	330	345	+4.5

表3-2-27　油气田用扩张式封隔器胶筒的各项性能指标

项目	指标要求
拉伸强度（MPa）	≥12
扯断伸长率（%）	≥300
硬度（邵氏A）	70±5
热空气老化,90℃,2h,拉扯伸长变化率(%)	≤30
酸,常温,24h 体积变化率(%)	-5~18

（3）高温高压模拟实验。

模拟注采井油套环空工况条件,开展了高温高压腐蚀试验。试验条件:90℃,20MPa,72h,静态。评价N80试样在环空保护液中的平均腐蚀速率,并计算环空保护液的缓蚀率。

结果表明,环空保护液各项性能指标均满足使用要求。N80 试样的空白腐蚀速率为0.3032mm/a,而在环空保护液条件下,腐蚀速率为0.0202mm/a,缓蚀率达93.3%,效果显著。因此,该环空保护液可以满足榆林南储气库注采井管柱长寿命的使用要求。同时,该环空保护液可以在油套材料表面形成稳定的钝态保护膜,降低不同材质之间的电偶腐蚀倾向。

（4）长期耐温稳定性评价。

评价环空保护液的热稳定性。试验条件:温度80℃,常压,静态放置60天;水+环空保护液。结果表明,该环空保护液耐温性能良好,无絮凝物。

（5）环空保护液的主要性能。

UGI-1 环空保护液的主要性能指标见表3-2-28。

表3-2-28　UGI-1 环空保护液主要性能指标

项目	指标
密度(g/cm³)	1.02~1.15
凝固点(℃)	≤-10
N80 钢材腐蚀速率(mm/a)	0.02
缓蚀率(%)	≥93
pH 值	8~10

（6）UGI-1环空保护液现场应用情况。

已在长庆储气库水平井中应用。

3. 高温高压下冲蚀腐蚀的影响因素

储气库注采井属于冲刷腐蚀环境，即高压、高流速、高酸性、连续气相、气液两相流冲刷腐蚀环境，不同温度、压力、流速、冲蚀角均对冲刷腐蚀有一定影响。针对P110和80S以及带改性环氧酚醛树脂的80S钢试样进行了研究。结果表明：随着压力、温度、流速的增加，管柱冲蚀速率增加，在$0.2 \sim 0.5$mm/a；气液两相流环境中，管柱临界冲蚀流速在$12 \sim 15$m/s；冲蚀角对冲蚀速度影响较大，在冲蚀过渡区（$45° \sim 60°$）冲蚀速率最大。

五、储层改造工艺设计

储气库注采井的储层改造技术难点在于必须合理控制裂缝波及体积，避免裂缝破坏储层圈闭结构的完整性，同时，要充分解除近井筒储层伤害，提高注采井注采能力。因此，针对陕224井区碳酸盐岩储层特征，通过储层改造工艺优选与施工排量优化、储层改造关键工具改进与酸液体系优化两方面的研究，形成了陕224井区储气库储层改造关键工艺技术。

（一）储层改造工艺优选

目前，长庆气田在碳酸盐岩储层水平井储层改造中应用的水力喷射分段酸化、裸眼封隔器分段酸化与连续油管拖动酸化三项主体储层改造工艺分别具有各自的特点（表3-2-29）。

表3-2-29 水平井储层改造三项主体工艺对比表

类型	水力喷射分段酸化	裸眼封隔器分段酸化	连续油管拖动酸化
技术优势	（1）可实现多段改造； （2）压后管柱可起出； （3）施工作业简单	（1）可实现多段改造； （2）分段可靠性高； （3）施工作业简单	（1）可实现全井段均匀酸化； （2）可采用生产管柱施工； （3）施工作业简单
存在问题	管柱内径小，流体节流效果明显	压后管柱不易起出	改造强度相对较低

针对储气库水平注采井储层改造的特殊要求，采用投球打开喷射滑套实现多段分压的水力喷射分段与裸眼封隔器分段两项酸化改造工艺，均无法确保井筒内压裂用球在排液过程中全部返出，滞留在井筒内的钢球会影响注采井改造后的初期产能，在注采井高强度反复注采作业过程中更会带来严重的安全隐患，且改造作业结束后，施工管柱不易起出，管柱内径相对较小，滑套节流压差较大，无法满足注采井高强度注采的需求。

与上述两种水平井改造工艺相比，连续油管拖动酸化工艺无须投球，且可实现全井段储层改造，施工结束后连续油管便于起出，实现井筒内无管柱遗留，满足注采井高强度注采的需求。该工艺曾在榆林南储气库水平注采井开展过应用试验，与初期产能相比，通过该工艺措施改造后的水平注采井均实现了增产，达到了解除近井地带泥浆污染的目的。

（二）储层改造工艺参数优化

1. 喷酸工具结构优化

传统酸压工艺主要通过提高施工排量，提升井底净压力来实现储层酸压改造，因此其喷酸口结构主要采用的是直出方式。而储气库注采井改造为避免裂缝纵向突破隔层,必须控制施工排量,采用基质改造的方式,考虑到储气库水平注采井完井周期长,近井筒储层伤害大的问题,常规直出式喷酸口结构缺乏对井壁冲蚀作用,且酸液与井壁的解除范围有限,因此需要对传统连续油管酸化工艺的喷酸工具进行改进,提高酸液喷射流速,增强酸液对近井筒钻井液滤饼冲蚀作用。

连续油管酸化喷射工具改进的目的主要体现为以下两个方面:一是利用连续油管携带喷射工具入井,提高酸液流速,喷射出的高压液体能清除掉油管内壁上的各种沉积物;二是通过改变酸液喷射角度,增大酸液与储层的接触面积,扩大了酸液解除近井筒钻井液污染的作用范围。此外,通过喷酸工具的喷射作用,可将喷射头及管柱前端扶正,便于管柱通过阻塞段,且喷射压降产生的作用力可推动管柱前行,有利于连续油管在水平段的施工作业。

基于上述考虑,对陕224井区储气库连续油管均匀酸化工具进行了以下两方面的技术创新与改进:一是调整喷射酸液出酸口方式,从传统的直出型调整为侧出型,改变酸液与井筒钻井液滤饼的解除角度(图3-2-21);二是优化研究确定出酸口孔径与孔数,增大节流效果,充分发挥水力喷射冲蚀作用(图3-2-22和图3-2-23)。

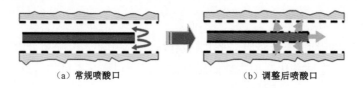

(a)常规喷酸口 　　　　　　　(b)调整后喷酸口

图3-2-21　连续油管出酸方式调整示意图

一般喷射除垢临界速度为100~150m/s,通过对不同孔径不同孔数的喷射速度进行模拟计算,优化确定了陕224井区储气库连续油管酸化工具为5孔,孔径3.5mm的喷射器设计参数,该结构下的喷射器节流压差为18.5MPa,射流速度为173.2m/s,现场喷射测试喷射效果明显,符合改造需求(表3-2-30)。

表3-2-30　喷射器节流压差计算表

喷嘴数 (个)	流量系数	喷嘴直径 (mm)	喷嘴当量直径 (mm)	节流压差 (MPa)	喷射速度 (m/s)
1	0.9	3	3.0	858.0	1178.9
3	0.9	3	5.2	95.3	393.0
5	0.9	3	6.7	34.3	235.8
1	0.9	3.5	3.5	463.1	866.2
3	0.9	3.5	6.1	51.5	288.7
5	0.9	3.5	7.8	18.5	173.2
1	0.9	4	4.0	271.5	663.2
3	0.9	4	6.9	30.2	221.1
5	0.9	4	8.9	10.9	132.6

喷嘴数（个）	流量系数	喷嘴直径（mm）	喷嘴当量直径（mm）	节流压差（MPa）	喷射速度（m/s）
1	0.9	5	5.0	111.2	424.4
3	0.9	5	8.7	12.4	141.5
5	0.9	5	11.2	4.5	84.9

图 3 – 2 – 22　连续油管喷酸工具示意图

图 3 – 2 – 23　连续油管喷酸工具现场测试效果图

2. 施工排量优化

储层改造过程中人工裂缝的延伸与储层岩石最小主应力、施工净压力大小有关,净压力与井底压力相关,而井底压力大小受施工地面泵压及施工排量的直接影响有:

$$p_B = p_W + p_H - p_F - p_M \qquad (3-2-1)$$

式中　p_B——井底压力,MPa;

　　　　p_W——井口泵压,MPa;

　　　　p_H——液柱压力,MPa;

　　　　p_F——管路的沿程摩阻,MPa;

　　　　p_M——射孔孔眼摩阻,MPa。

长庆气田针对直井储层改造开展的压前压后裂缝测试结果表明,施工排量过大,裂缝易纵向过度延伸。因此,为确保储气库储层圈闭结构的完整性,必须充分结合储隔层应力特征研究与认识,优化储气库储层改造施工排量,控制人工裂缝纵向延伸,避免裂缝突破储隔层。

通过对陕 224 井区储气库邻井碳酸盐岩储隔层取心,开展三轴应力等储隔层岩石力学实验研究,室内实验测定地层力学参数,初步明确井区碳酸盐储隔层应力差。基于储气库邻井岩石力学参数的分析成果,结合直井储层改造压前压后裂缝测试结果认识,考虑连续油管酸液喷射器的节流压差与连续油管设备要求,初步确定了陕 224 井区储气库水平注采井连续油管均匀酸化施工排量范围为 $0.3 \sim 0.5 \mathrm{m}^3/\mathrm{min}$(图 3 – 2 – 24 和表 3 – 2 – 31)。

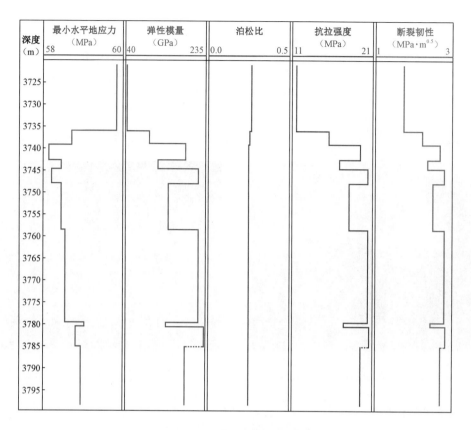

图 3 - 2 - 24 岩石力学参数成果图

表 3 - 2 - 31 不同排量下的连续油管内摩阻计算表

排量 （m³/min）	油管内流速 （cm/s）	油管内 雷诺数	摩阻 系数	油管内摩阻 （MPa）
0.1	112.6	49.3	0.05	2.75
0.3	337.9	148.1	0.04	16.28
0.5	563.3	246.9	0.03	37.40
0.7	788.6	345.6	0.03	64.74
0.9	1013.9	444.4	0.02	97.74
1	1126.5	493.8	0.02	116.22

注：油管尺寸为 ϕ50.8mm；喷射器参数：5 孔，孔径 3.5mm。

3. 酸液体系优化

为了更好地解除近井筒钻井液污染，恢复储层渗透率，改善注采能力，对陕 224 井区储气库注采井实际钻井液进行取样，开展泥浆组分分析，明确造成近井筒泥浆污染的主要因素，同时通过钻井液滤饼酸液溶蚀实验指导优化酸液体系（表 3 - 2 - 32 和表 3 - 2 - 33）。

钻井液对储层的伤害主要是由泥饼中的聚合物和固相颗粒造成的，分析固相颗粒含量和成分、可溶性物质的含量，对酸液体系配伍性分析与配方优化具有重要参考价值。

表3-2-32　钻井液组分含量测定

| 井号 | 固相含量(%) | | 水含量 | 有机物含量 |
（钻井液取样深度）	可溶盐	无机残渣	（%）	（%）
SCK-2H (4050m)	12.59	11.67	64.35	11.39
SCK-2H (4350m)	12.87	12.53	72.99	11.61
SCK-2H (4650m)	13.60	11.76	70.64	14.00
SCK-2H (4850m)	11.56	26.16	46.60	15.68

表3-2-33　钻井液成分测定(X-荧光)

成分	SCK-2H(4850m)	SCK-2H(4050m)
Na_2O	20.56	37.06
MgO	2.24	0.44
Al_2O_3	2.95	1.18
SiO_2	6.71	3.37
Cl	19.88	34.78
SO_3	11.07	4.45
K_2O	7.96	11.51
CaO	6.92	4.85
BaO	20.25	1.46
Fe_2O_3	1.03	0.64
F	0.15	—

　　通过钻井液组分分析,明确了形成钻井液污染伤害的主要原因,在此基础上开展不同体系酸液的钻井液酸溶实验。通过将不同配方体系的酸液与定量的钻井液粉末进行反应,经过过滤、烘干、恒重、对比,综合分析不同体系酸液的酸溶率、酸液摩阻等因素,优选出有效解除近井筒钻井液污染,具有降阻性能的酸液体系(表3-2-34)。

表3-2-34　钻井液滤饼酸液溶蚀实验数据表

分类	15% HCl + 添加剂	18% HCl + 添加剂	20% HCl + 添加剂	15% HCl + 6%甲酸
蚀前钻井液粉末量(g)	1.5	1.5	1.5	1.5
溶蚀后残留量(g)	0.1	0.06	0.04	0.17
溶蚀率(%)	93.3	96	97.3	88.7

4. 酸液用量优化

与常规水平井储层改造过程中以选择高气测显示点进行集中改造的思路相似,储气库注采水平井实施连续油管拖动布酸改造过程中需要结合气测曲线,优选高气测点进行定点酸化。此外,考虑到储气库注采井同时需要发挥注气储集作用,因此还需要优选水平井段物性显示好的井段进行定点酸化,更好地解除近井筒钻井液污染,恢复储层渗透率,提高注采能力。

基于上述思路,陕224储气库注采水平井根据单井气测解释,优选定点挤酸位置与酸液用量,结合水平段长度与连续油管拖动速度,优化单井施工酸量 $400 \sim 450m^3$(表3-2-35)。

表3-2-35 钻井液滤饼酸液溶蚀实验数据表

井号	定点挤酸位置(个)	定点酸量(m^3)	总酸量(m^3)
SCK-1H	18	15.0~25.0	431.3
SCK-2H	19	5.0~10.0	413.0
SCK-3H	25	10.0~25.0	426.0

第三节 老井评价与处理

半枯竭油气藏建库需要解决的首要问题就是老井处理,库区内已存在的各类井(开发井、监测井、注水井、废弃井等)经过多年服役,套管发生内、外腐蚀,管壁变薄,管柱强度会不同程度降低;另外,由于原始固井质量差或生产和措施作业破坏生产套管外水泥环,可能导致套管外窜层问题。老井在储气库运行期间的交变压力作用下,可能会沟通这部分潜在的泄漏通道,对储气库的长期密封性构成严峻挑战。所以,建库时必须对影响储气库安全的老井实施可靠的封堵。

一、老井评价

储气库老井检测评价的内容主要包括管柱腐蚀情况及剩余强度分析,固井质量检测评价,井筒密封性检测评价等。

(一)老井评价方法

1. 腐蚀检测评价

腐蚀测井目的是为油气田后期井下作业提供井下工况和精确定位。EMDS电磁探伤和MIT+MTT测井技术是目前腐蚀测井中较为实用,测试符合率较高的两项技术,特点是对井况要求低、检测精度高、外径较小,能在油管进行检测和不动管柱带压作业,较好地弥补上述技术的不足。

EMDS电磁探伤检测技术是俄罗斯第三代油管与套管腐蚀检测技术,具有腐蚀检测精度较高、仪器管径小、能在油管内检测,快速有效地探井下井管柱状况。它是一种新型套管损伤检测技术,与磁测井信号激发原理不同,能够区分纵横向裂缝、变形和孔洞,并能从油管内进行油套管双层检测管柱腐蚀情况。

多臂井径仪(MIT)和磁性测厚仪(MTT)是英国 SONDEX 公司新一代油管与套管检测仪器,也是目前世界上最先进的多臂井径成像技术。MIT 和 MTT 实际上是两支独立的检测仪器,可以分开独立使用,通常是两支仪器组合运用。

2. 固井质量检测评价

评价气井的固井质量除了水泥环质量外,还受固井质量测井技术、工程判别技术和测井解释人员固井质量综合评价水平等多种因素的影响。因此,储气库老井固井质量评价需要立足于水泥环胶结测井资料,同时结合固井施工记录和工程判别结果等进行综合评价。

(二)陕 224 老井评价及分类

靖边气田陕 224 井库区域内共有 4 口井,其中 3 口井为生产井,1 口井为废弃井。另外,地质与气藏工程计划利用储气库外围的 SCK – 7 井和 SCK – 12 井监测上覆岩层压力。

1. 老井基本情况

老井均为二开井身结构:ϕ273mm(表层套管)+ ϕ177.8mm(生产套管)。SCK – S1 井、SCK – 8 井、SCK – 11 井、SCK – 7 井和 SCK – 12 井油管柱结构:油管 + 水力锚 + 封隔器;SCK – 10 井未下油管。

SCK – S1 井、SCK – 8 井和 SCK – 11 井射孔层位均为下古生界奥陶系马家沟组马五$_1$气藏。SCK – 10 井下套管固井后没有射孔。库区外围气井 SCK – 7 井射孔层位马五$_2^2$、马五$_4^1$,SCK – 12 井射孔层位盒$_{7+8}$。建库前库区内 3 口井平均产气量 $4.1 \times 10^4 m^3/d$,平均产水量 $0.8 \times m^3/d$。

储气库建设区域内 3 口生产井目前平均 H_2S 含量为 553.9mg/m^3,CO_2 含量为 6.01%,总矿化度 48478.4mg/L。

表 3 – 3 – 1 SCK – S1 井区投产井腐蚀气体含量统计表

井号	完钻时间	生产层位	H_2S 含量 (mg/m^3)	CO_2 (%)	Cl$^-$ (mg/L)	矿化度 (mg/L)
SCK – 8	2002. 5. 10	马五$_1^{234}$	667.3	5.97	4939.2	65320.05
SCK – 11	2003. 7. 30	马五$_1^{23}$	551	6.04	5850.7	31628.4
SCK – S1	1999. 12. 19	马五$_1^{23}$	212.7	6.08	9512.9	27117.1
SCK – 7	2003. 10. 20	马五$_2^2$、马五$_4^1$	4708.1	4.09	89667	142543
SCK – 12	2003. 9. 29	盒$_{7+8}$	1.69	1.51	50113	79569
库区内 3 口井平均			553.9	6.01	6767.6	48478.4

2. 油管腐蚀检测评价

针对陕 224 储气库建设区域内 3 口生产井采用(24 臂 MIT + MTT)+ MID – K 测井仪器开展了不压井管柱腐蚀检测。

1)SCK – 8 井油管腐蚀检测

该井于 2012 年 4 月 28—29 日开展了不压井管柱腐蚀检测,测量井段为 25.00 ~

3380.00m,检测结果表明 SCK－8 井在运行8.7年之后套管和油管外壁腐蚀轻微,油管内壁以均匀腐蚀为主,但3126m以下腐蚀相对严重,主要存在点蚀、片蚀等局部腐蚀。油管均匀腐蚀深度0.28mm,最大腐蚀深度为3.97mm;均匀腐蚀速率为0.03mm/a,最大腐蚀速率为0.46mm/a,如图3－3－1所示。

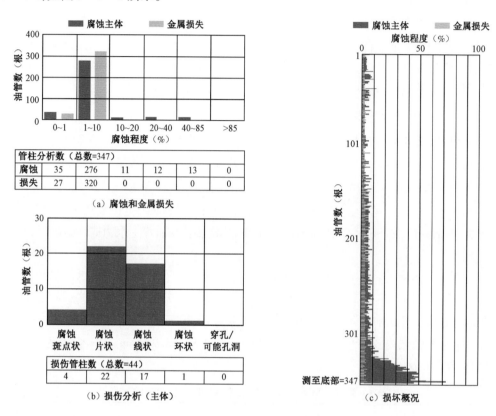

图3－3－1　SCK－8井油管腐蚀情况

2)SCK－S1井油管腐蚀检测

该井于2012年4月17日~18日开展了不压井管柱腐蚀检测,测量井段为30.00~3409.00m,检测结果表明 SCK－S1 井在运行11.4年之后套管和油管外壁腐蚀轻微,油管内壁以均匀腐蚀为主,下部局部腐蚀相对严重。油管内壁平均腐蚀深度0.3mm,最大腐蚀深度1.55mm,平均腐蚀速率0.026mm/a,最大腐蚀速率0.14mm/a,如图3－3－2所示。

3)SCK－11井油管腐蚀检测

该井于2012年4月19—20日开展了不压井管柱腐蚀检测,测量井段为30.00~3395.00m,检测结果表明 SCK－11 井在运行8.5年之后套管和油管外壁腐蚀轻微,油管内壁以均匀腐蚀为主,下部4根油管存在局部腐蚀。油管平均腐蚀深度0.3mm,最大腐蚀深度1.68mm,平均腐蚀速率0.035mm/a,最大腐蚀速率0.20mm/a,如图3－3－3所示。

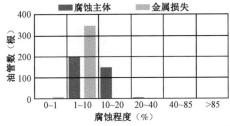

管柱分析数（总数=352）					
腐蚀	0	200	147	5	0	0
损失	7	344	1	0	0	0

（a）腐蚀和金属损失

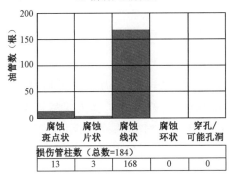

损伤管柱数（总数=184）				
13	3	168	0	0

（b）损伤分析（主体）

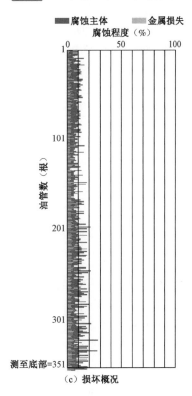

（c）损坏概况

图 3 - 3 - 2   SCK - S1 井油管内壁腐蚀情况

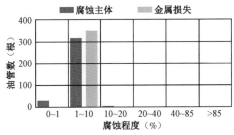

管柱分析数（总数=349）					
腐蚀	27	316	5	1	0	0
损失	0	349	0	0	0	0

（a）腐蚀和金属损失

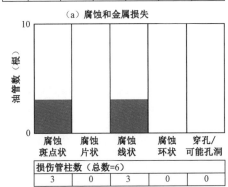

损伤管柱数（总数=6）				
3	0	3	0	0

（b）损伤分析（主体）

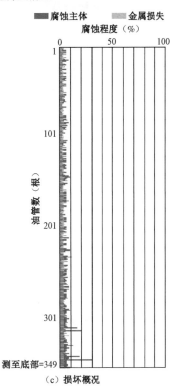

（c）损坏概况

图 3 - 3 - 3   SCK - 11 井油管腐蚀情况

3. 固井质量检测评价

储气库建设前期,对库区内的4口老井进行了固井质量评价,评价结果见表3-3-2。

表3-3-2 陕224井区老井储气层顶界以上井段固井质量分析表

井号	盖层段连续优质胶结段长度		储气层顶界以上井段合格胶结段长度	
	要求长度	实际长度	要求长度	实际长度
SCK-S1	≥25m	11	≥70%	2486.1m(72.2%)
SCK-8		93		2371.0m(69%)
SCK-11		77		1495.0m(43.2%)
SCK-10		0		1230.7m(35.3)

4. 老井分类

依据 Q/SY 1561—2013《枯竭型藏储气库钻完井技术规范》,为了确保临时注采试验,计划再利用SCK-8井开展短期注采试验,通过检测评价、修井等措施来保障短期注采试验安全。同时开展SCK-S1井、SCK-11井和SCK-10井三口井的检测评价,依据检测评价结果,结合专家意见进行修井,SCK-S1井和SCK-11井两口井注采试验阶段利用为采气井,SCK-10井利用为监测井。根据地质与气藏工程储气库盖层监测要求,需要对库区外围的SCK-7井和SCK-12井两口井进行评价,封堵储气层及下部层位后再利用为上覆地层压力监测井。

二、老井处理

对于影响储气库运行安全的老井,必须进行可靠的封堵处理。

(一)封堵考虑的基本因素

储气库老井封堵需要考虑以下因素:
(1)保护淡水层免受地层流体或地表水窜入的污染;
(2)隔离开注采井段与未开采利用井段;
(3)保护地表土壤和地面水不受地层流体污染;
(4)隔离开处理污水的层段;
(5)将地面土地使用冲突降低至最小限度。

为达到上述目的,要求所有关键性层段之间应是隔离开的。所以在进行封堵作业之前应认清井内各地层的特性,这样才能在井筒中选择恰当的层段进行注水泥塞或打机械桥塞来阻止流体移动。

(二)储气库老井与常规气井封堵的差异

储气库老井与常规气井在封堵目的上存在差异,储气库老井封堵的目的是确保储气库密封完整性目的的差异,而常规气田废弃井一般是地层压力衰竭或没有工业产能的井,封堵的目的是保护淡水层不受污染。

表 3 – 3 – 3 储气库老井与常规气田废弃井封堵目的的差异

	常规废弃井封堵	储气库老井封堵
封堵目的	(1)保护淡水层免受地层流体或地表水窜入的污染; (2)隔离开注采井段与未开采利用井段; (3)保护地表土壤和地表水不受地层流体污染; (4)隔离开处理污水的井段; (5)将地面土地使用冲突降低到最小限度	(1)确保储气库密封完整性; (2)隔离开注采井段与未开采利用井段; (3)保护淡水层免受地层流体或地表水窜入的污染; (4)保护地表土壤和地表水不受地层流体污染; (5)隔离开处理污水的井段

二者封堵目的的差异使得其封堵方式和要求也存在差异。对于储气层段的处理,常规气井通常在储层段井筒填砂,然后在上部打水泥塞封堵;储气库老井采用特殊堵剂挤入储气层,从源头上切断储气库流体进入井筒及上窜的通道,储气库老井还非常重视对套管外及盖层段的密封处理。对于井口的处理,常规气井封堵后,一般在井筒靠近地面的位置打悬空水泥塞,然后将地表以下 1~2m 的套管切除,地表恢复;储气库老井封堵后,要安装井口及压力表,储气库运行过程中要定期监测井口带压情况。

(三)陕 224 储气库老井封堵工艺设计

1. 陕 224 老井封堵时机

老井封堵时机主要考虑套管强度和固井质量两方面因素,有一个因素不符合要求就需要考虑封堵处理。根据《油气藏型储气库钻完井技术要求》,老井封堵的具体判断标准为:

(1)储气层顶部以上盖层段水泥环连续优质胶结长度少于 25m,且以上固井段合格胶结段长度不小于 70%。

(2)按实测套管壁厚进行套管柱强度校核,校核结果不满足实际运行工况要求。

(3)生产套管采用清水介质进行试压,试压至储气库井口运行上限压力的 1.1 倍,30min 压降大于 0.5MPa。

根据前期储气库老井的评价结果:

SCK – S1 井固井质量较差,建议储气库正式运行前实施封堵;

SCK – 8 井和 SCK – 11 井固井质量和套管强度都符合再利用的条件,可进行再利用处理。但是随着套管壁厚腐蚀减薄,造成套管强度降低,当不符合安全要求时,需要进行封堵处理。目前套管采用 ϕ177.8mm,壁厚 9.17mm,最小内屈服压力 49.9MPa。

储气库在注采期间运行上限压力 30.4MPa,按照 35MPa 抗内压要求计算套管壁厚应不小于 6.43mm。就是说当壁厚减薄到 6.43mm 时,应进行封堵处理。

2. 老井封堵主要技术标准

按照《油气藏型储气库钻完井技术要求》,为了防止储气层内天然气进入井筒或渗入其他渗透性地层,结合陕 224 井区老井的井筒状况和地层岩性特征,逐步实施永久性封堵。

储气层顶界以上采用的水泥封堵方式应根据本井检测、评价结果而定,要求储气层顶界以上管内连续水泥塞长度不小于 300m。

(1)若储气层顶界以上水泥返高大于 200m,且盖层段以上连续优质水泥胶结段大于 25m,直接注水泥塞封堵。

（2）若储气层顶界以上水泥返高小于200m或连续优质胶结段小于25m，应对储气层顶界以上盖层段锻铣40m，注连续水泥塞封堵。

上部套管内注入环空保护液。储气层段采用超细水泥浆体系挤封，超细水泥要满足封堵水泥的性能指标要求。

3. 陕224封堵工艺及参数要求

针对陕224储气库老井特点，提出了"储层挤封、多级封堵、带压候凝、逐级试压"的老井封堵工艺。轴向上对底板、储层和盖层逐级封堵、逐级检验。径向上在储层、套管外水泥环、井筒内建立三道屏障，防止储气层气体外泄至井筒，如图3-3-4和图3-3-5所示。

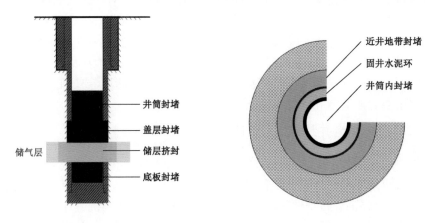

图3-3-4 轴向封堵示意图　　　　　　图3-3-5 储层径向封堵示意图

1）陕224储层封堵难点

储层内部封堵是气井永久封堵的关键。陕224储气层马五$_1$为碳酸盐岩，集空间主要为溶孔，局部裂缝—微裂缝发育。其中，马五$_1^2$储层，溶孔顺层分布，白云石及泥质半充填，网状缝较发育，泥质半充填。马五$_1^3$储层，褐灰色白云岩，溶孔发育，呈麻点状分布，网状缝较发育，泥质半充填，溶孔被裂缝沟通。马五$_1^4$褐灰色白云岩，溶孔不发育，偶见裂缝发育网状缝较发育，泥质全充填。图3-3-6为马五$_1$碳酸盐岩裂缝孔隙度分布规律，图3-3-7和图3-3-8为马五$_1$碳酸盐岩岩心样品照片及毛细管压力曲线。岩心分析孔隙度为6.1%~7.6%，渗透率为0.35~11.2mD。晶间孔孔喉半径介于2.5~10μm。微裂缝宽度<100μm，密度10条/cm。

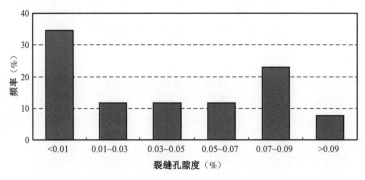

图3-3-6 马五$_1$碳酸盐岩裂缝孔隙度分布规律

图 3 - 3 - 7　马五₁碳酸盐岩岩心样品照片

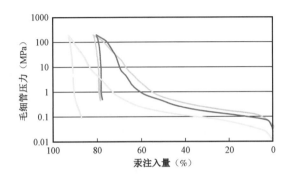

图 3 - 3 - 8　三块样品毛细管压力曲线

实现马五₁储层内封堵的技术关键难点为：

技术关键 1 是实现近井筒地带储层的均匀封堵。难点在于当封堵工艺不当时,可能造成堵剂材料沿裂缝等高渗透通道进入地层深部,而对近井筒地点的基质孔隙封堵失败。

技术关键 2 是堵剂材料凝固后强度和渗透性满足永久密封要求。难点是堵剂的选择,由于储层孔喉半径小($2\sim10\mu m$),常规水泥堵剂材料($40\mu m$)无法进入基质;而凝胶聚合物堵剂能够进入细微孔隙,无法满足永久密封要求。

2）储层封堵工艺

结合陕 224 储层特点,在分析技术关键的基础上,设计陕 224 储气库储层内部采用高分子聚合物(凝胶)和超细水泥两级注入的方式封堵。首先注入高分子聚合物封堵裂缝远端,再采用超细水泥封堵近井筒地带储层(图 3 - 3 - 9 和图 3 - 3 - 10)。

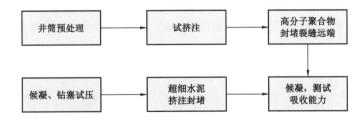

图 3 - 3 - 9　储层内封堵作业流程图

采用插管式桥塞挤注工艺。该方法可实现带压候凝,有效防止堵剂返吐,提高封堵质量。工艺流程为:首先将插管式桥塞坐封在封堵层位的上部,然后将下端带插管的油管插入桥塞,而后对下部的目的层进行挤注(图 3 - 3 - 11)。

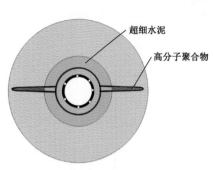

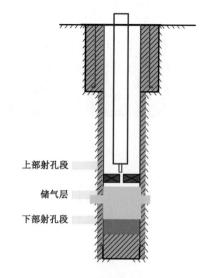

图 3 - 3 - 10 储层内两级封堵示意图　　　图 3 - 3 - 11 插管式桥塞挤注工艺示意图

参 考 文 献

[1] 陈庭根,管志川. 钻井工程理论与技术[M]. 东营:中国石油大学出版社,2000.

[2] 唐志军. 井身结构优化设计方法[J]. 西部探矿工程,2005,17(6):78 - 79.

[3] 管志川,李春山. 深井和超深井钻井井身结构设计方法[J]. 石油大学学报:自然科学版,2001,25(6):42 - 44.

[4] 张绍槐,蒲春生. 储层伤害的机理研究[J]. 石油学报,1994,15(4):58 - 65.

[5] 陈俊斌,刘滨. 保护气层钻井完井液研究与应用[J]. 钻采工艺,1995,18(1):70 - 76.

[6] 赵敏,徐同台. 保护油气层技术[M]. 北京:石油工业出版社,1995:26 - 83.

[7] 樊世忠. 水平井伤害机理及保护储层方法[J]. 石油工业技术监督,2011,27(6):25 - 27.

[8] 左景伊. 应力腐蚀破裂[M]. 西安:西安交通大学出版社,1985:175 - 193.

[9] 吴承建,陈国良,强文江,等. 金属材料学[M]. 2 版. 北京:冶金工业出版社,2009.

[10] 李国韬,刘飞,宋佳华,等. 大张坨地下储气库注采工艺管柱配套技术[J]. 天然气工业,2004,24(9):156 - 158.

[11] 杨再葆,张香云,邓鲜德,等. 天然气地下储气库注采完井工艺[J]. 油气井测试,2008,17(1):62 - 65.

[12] 戚斌,乔智国,叶翠莲,等. 压力温度数值模拟在管柱变形计算中的应用[J]. 天然气技术,2009,3(3):57 - 60.

第四章 地面工程

陕 224 储气库是国内第一座含硫气藏储气库,为降低项目投资,保证其生产安全、平稳运行,在设计过程中根据注采井位分布,结合长庆气区就近输往下游用户的最近的交接气位置,总体布局;根据储气库气藏特点,对总体集输工艺、站场工艺流程进行充分论证;选用先进、可靠的工艺设备、放空系统、自控系统及 QHSE 管理体系保障了陕 224 储气库的生产安全。

第一节 站场总体布局

一、储气库总体布局

陕 224 储气库平均采气规模 $418 \times 10^4 m^3/d$,平均注气规模 $250 \times 10^4 m^3/d$,新钻注采 SCK – 1H 井、SCK – 2H 井、SCK – 3H 井等 3 口水平井,位于同一水平井场;新钻 SCK – 1B 井和 SCK – 2B 井等 2 口备用直井,同时利用 SCK – 8 井、SCK – 11 井、SCK – S1 井等 3 口老井进行采气。注采水平井平均注气量 $83.3 \times 10^4 m^3/d$,平均采气量 $107 \times 10^4 m^3/d$;备用直井平均采气量 $26 \times 10^4 m^3/d$;老井平均采气量 $15 \times 10^4 m^3/d$。

陕 224 储气库分三年实施,其中 2012 年实施 1 口已建直井 SCK – 8 井、新钻 1 口水平井;2013 年新钻 2 口注采水平井;2014 年实施 2 口备用直井和 2 口老井。区域内井位分布如图 4 – 1 – 1 所示。

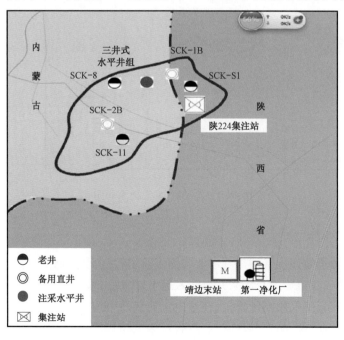

图 4 – 1 – 1 陕 224 储气库井位分布示意图

陕 224 储气库注气气源为陕京管道靖边压气站。交接地点为靖边末站,交接压力为 6.0MPa;平均接收储气库采气量为 $418 \times 10^4 m^3/d$;平均交接注气气量为 $250 \times 10^4 m^3/d$。

陕 224 储气库距离第一净化厂和靖边末站较近,直线距离约为 12km,第一净化厂产品气主要输往西安、北京、银川等大城市。靖边末站距第一净化厂约 1km,位于甲醇厂北侧,末站接收第五处理厂来气,外输至陕京线及第一净化厂周边用户。

陕 224 储气库采气时,集注站来天然气通过双向输气管道输送至靖边末站,在靖边末站经过除尘计量后,根据气质组分的 H_2S 指标决定输送方向,采气初期,若 H_2S 含量不合格则输往第一净化厂净化处理;若 H_2S 合格则直接就近输往陕京管道。

注气时,陕京管道靖边压气站来气在靖边末站交接计量后,通过双向输气管道输送至集注站,在集注站内经过分离、增压后通过注气管线输送至井口注气。

储气库采出气通过靖边末站供给陕京系统及周边用户,储气库总体布局详如图 4 - 1 - 2 所示。

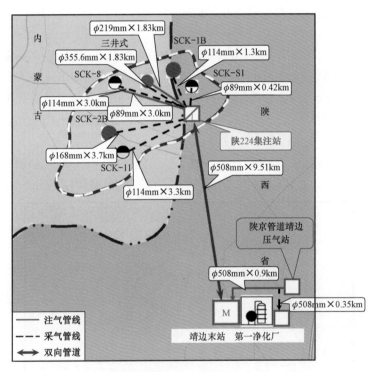

图 4 - 1 - 2　储气库总体布局图

二、储气库总流程

注气时,陕京管道靖边压气站来气经双向输气管道输送至集注站,在集注站内经过分离计量和增压后通过注气管道输送至注采井口注入地下储气库;采气时,注采水平井经井口一级节流后输送至集注站,直井采用高压集气,在站内先加热后节流,再经分离器分离出游离液后进入三甘醇脱水装置,保证产品气的水露点,然后输送至靖边末站,向陕京线及周边用户外输交接。流程示意图如图 4 - 1 - 3 所示。

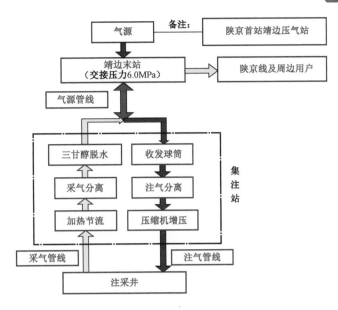

图 4-1-3　陕 224 储气库总体流程示意图

第二节　天然气注入及集输

陕 224 储气库是国内第一座含硫气藏储气库,国内外尚无成熟的含硫气藏型储气库地面工艺技术可借鉴。为满足陕 224 储气库的安全生产运行、降低项目投资的要求,根据陕 224 储气库的气质参数,经过对多个集输方案的比较和经济技术的对比,陕 224 储气库地面工程总体采用了"注采井口双向计量,注采双管,水平井两级降压,直井高压集气,开工注醇,中高压采气,加热节流,三甘醇橇装脱水,初期就近依托净化厂进行脱硫脱碳处理"的地面集输工艺,如图 4-2-1 所示。

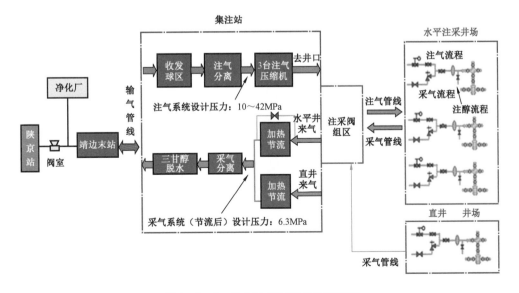

图 4-2-1　陕 224 储气库总体工艺图

一、气质参数

陕224储气库经过2个周期的注采实验,H_2S和CO_2含量逐渐降低,详见第五章第二节内容。根据现场检验,目前注入气进入集注站点、井口注入点、采出气出井口点、采出气出集注站点等气质参数见表4-2-1。

表4-2-1 陕224储气库气质参数

名称	气质组分	压力(MPa)	温度(℃)	气量($10^4m^3/d$)
注气进集注站点	CH_4(94.3%),C_2H_6(2.97%),C_3H_8(0.459%),iC_4H_{10} (0.075%),nC_4H_{10}(0.099%),iC_5H_{12}(0.026%),nC_5H_{12}	5.8	0~20	250
井口注入	(0.022%),C_{6+}(0.006),He(0.019%),H_2(0.023%), N_2(1.137%),CO_2(0.917%),H_2S(0~4mg/m^3)	17~30	50~60	83.3
井口采出气	CH_4(94.5%),C_2H_6(2.75%),C_3H_8(0.069%),iC_4H_{10} (0.067%),nC_4H_{10}(0.099%),iC_5H_{12}(0.026%),nC_5H_{12} (0.022%),C_{6+}(0.006),He(0.004%),H_2(0.19%),N_2 (0.2%),CO_2(0.8%~1.7%),H_2S(9.9~175mg/m^3)	6.4~22	30~60	15~107
采出气出集注站点	CH_4(94.8%),C_2H_6(2.75%),C_3H_8(0.418%),iC_4H_{10} (0.067%),nC_4H_{10}(0.091%),iC_5H_{12}(0.023%),nC_5H_{12} (0.02%),C_{6+}(0.006),He(0.007%),H_2(0.013%),N_2 (0.8%),CO_2(0.8%~0.9%),H_2S(9.9~75mg/m^3)	4.7~4.9	10~20	418

二、注采工程

(一)注采集输工艺

注气时,集注站将上游接入的净化天然气增压后经注气管线输送至三井式水平井注采井场,计量后注入地下储气库;采气时,天然气经井口计量后节流(直井高压集气,井口不节流)通过气井采气管线输送至集注站进行处理外输。

由于注、采工况相差较大,注气时压力由低到高、流量小,而采气时压力低、流量大且为未净化的原料气,以SCK三井式水平井为例,注采工艺分别采用"注采井口双向计量,管道采用注采双管""注采井口注采单独计量,管道采用注采双管""注采井口双向计量,管道采用注采同管"三种方案。

陕224储气库H_2S和CO_2含量较高,若采用注采同管,管线长期承受交变应力影响,高壁厚焊接和无损探伤工作量大,施工费用高。经过方案比选且为了有效降低H_2S和CO_2分压,减缓腐蚀速率,降低管道运行风险,同时有效地降低投资,注采集输工艺选用"注采井口双向计量,管道采用注采双管"。

(二)水合物控制工艺

通过对榆林南储气库YCH-2H井采气压力和温度进行统计(图4-2-2),主要结论如下:井口形成正常的温度场需要 1 周时间,因此开工加热和开工注醇需要 1 周时间;待井口温度场形成后,在整个采气期内,井口温度基本稳定在 50℃ 以上。

以此对陕 224 储气库采出气温度进行预测,采气初期,井口压力最高可达 28MPa,采气末期,井口压力最低仅有 6.4MPa。水合物抑制工艺的确定需要结合储气库天然气运行压力变化大的特点和水合物形成情况进行确定。

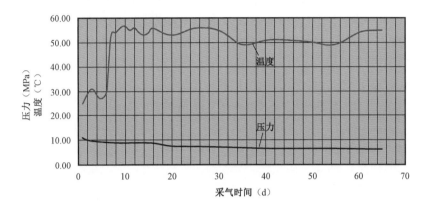

图 4 - 2 - 2　榆林南 YCK - 2H 井压力和温度变化图

根据储气库注采井的运行特点,采气初期,井口压力最高可达 25MPa,采气末期,井口压力最低仅有 6.4MPa。水合物抑制工艺的确定需要结合储气库天然气运行压力变化大的特点和水合物形成情况,进行优化确定。陕 224 储气库井口天然气在不同压力条件下的运行温度和预测水合物生成温度见表 4 - 2 - 2。

表 4 - 2 - 2　储气库天然气水合物生成预测表

节流前压力(MPa)	25										
节流后压力(MPa)	25.0	24.0	22.0	20.0	18.0	16.0	14.0	12.0	10.0	8.0	6.0
天然气进站压力(MPa)	25.0	24.0	22.0	20.0	18.0	16.0	14.0	12.0	10.0	8.0	5.9
节流前温度(℃)	50										
节流后天然气运行温度(℃)	50.00	48.90	46.47	43.65	40.37	36.55	32.07	26.80	20.56	13.17	4.40
天然气进站温度(℃)	48.49	47.42	45.06	42.32	39.13	35.41	31.05	25.93	19.94	12.65	4.10
水合物生成温度(℃)	19.81	19.57	19.03	18.43	17.76	16.97	16.04	14.94	13.54	11.72	9.21

经 HYSYS 软件模拟计算,采气井口压力节流至 10MPa 时节流温度为 20.56℃,至集注站内温度为 19.94℃,高于水合物生成温度 13.54℃,正常运行后可有效地防止水合物生成。因此,水平井井口采用一级节流,站内加热节流,保证节流的温度不低于 25℃ 进入三甘醇脱水装置进行脱水。估算井口压力降至 12MPa 时站内停止加热。

已建直井和备用直井由于采气量小,井口温度较注采水平井低,井口几乎无可以利用的热能。为减小井口注醇量和含醇污水量,直井采气采用高压集气工艺。即井口不节流,采出气高压输送至集注站。

为有效降低集注站加热负荷,通过采用控制节流压差,充分利用地层温度,水合物抑制选用井口开工移动注醇和站内集中加热方式。

(三)二级节流工艺

为满足陕 224 储气库的安全生产运行、降低项目投资,综合考虑了控制采气压力、降低 H_2S 和 CO_2 分压、净化工艺、天然气水合物抑制工艺及外输压力的要求,储气库采用中压采气、二级节流工艺。为取消连续注醇、减少注醇量和降低采气管道设计压力,采气初期,水平井井口一级节流至 10MPa,降低采气管道运行压力,减少管道壁厚。在采气管道温度场未形成前利用注醇车注醇,初步估算注醇时间需 1 周时间。采气后期井口压力仅为 6.4MPa,进站压力约为 6MPa,经过第二级节流后,压力降为 5.4MPa,水烃露点控制装置运行压力变化幅度小、设计压力低,可以提高装置的安全性和可靠性;以获得低温,达到外输的要求。

采气系统节点压力如图 4-2-3 和图 4-2-4 所示。

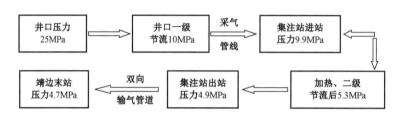

图 4-2-3　采气系统初期节点压力示意图

采气后期,井口最低压力为 6.4MPa,集注站进站压力为 6.0MPa。

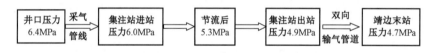

图 4-2-4　采气系统后期节点压力示意图

(四)分离工艺

从气井中采出的天然气带有一部分液体,必须经过气液分离才能进入集输系统。

注采水平井采出气进站压力 6.3~10MPa,温度 20.0~48.3℃,加热节流至 5.3MPa 时,温度不低于 25℃,再进入分离器,经过采气分离器分离后至脱水装置。

直井采出气进站压力 6.3~25MPa,温度为 19.5~38℃,加热节流至 5.3MPa 时,温度不低于 25℃,再进入分离器,经过采气分离器分离后至脱水装置。

(五)脱水工艺

目前,用于天然气脱水的工艺方法主要有低温分离、固体吸附和溶剂吸收三类方法。

低温分离常用于有足够压力且能进行节流制冷的场所。低温工艺中,最为常用的制冷工艺有外制冷法、J-T 阀制冷和膨胀制冷等,其中膨胀制冷法效率较 J-T 阀节流制冷法高,但投资也高于 J-T 阀制冷法,并且为满足膨胀机对入口天然气含水量的要求,还需要采用分子筛脱水,投资和运行费用均较高。在长庆榆林天然气处理厂,苏里格气田第一处理厂至第五处理厂和米脂处理厂均采用了低温分离工艺。

固体吸附用于深度脱水,如加气站分子筛脱水,水露点可达 -60℃ 左右,另外在深冷工艺中也常用固体吸附。

溶剂吸收适合露点控制,是利用脱水溶剂的良好吸水性能,通过在吸收塔内天然气与溶剂逆流接触进行气、液传质以脱除天然气中的水分,脱水剂中甘醇类化合物应用最为广泛。靖边气田就全部采用了三甘醇脱水进行水露点控制。

根据陕 224 储气库运行的特点,选用先进适用的三甘醇脱水工艺和 J – T 阀节流制冷低温分离工艺进行了详细对比。经综合比选,采用三甘醇脱水工艺。

(六)增压工艺

陕 224 储气库对井口增压与集中增压和两级增压进行了分析对比,考虑到储气库增压规模相对较小,注采气井数量较少,采用将增压站与集注站合建的集中增压方式。即注气压缩机天然气储量布置于集注站内。注气气源为陕京管道靖边压气站输送的商品气,压缩机入口压力 5.8MPa,出口压力 30MPa。

注气压缩机选用往复式压缩机。与离心式压缩机相比,往复式压缩机出口压力高、压比大,出口压力、流量变化范围大,其适应性、运行上的调配性都更能适应注气压缩机的操作工况条件,且往复式压缩机在注气效率、操作灵活性、能耗等方面也比离心式压缩机具有更多的优势,压缩机驱动方式选用电动机驱动,具有投资及运行费用低、单台机组功率大、设备投资较低等优点。

三、井场

(一)注采水平井

注气时,集注站增压后的高压天然气经注气管道进入井场,关闭采气流程中电动球阀,打开注气流程的阀门,集注站来气经双向流量计计量后经采气树注入地层;采气时,采气时关闭注气流程的电动球阀,打开采气流程的电动球阀,采气树来气经双向流量计计量后输向集注站;采气初期,井口节流前压力为 25MPa,温度为 48.5℃,节流后压力为 10MPa,温度为 19.94℃;后期低于 10MPa 时不节流直接输送至集注站,流程图如图 4 – 2 – 5 所示。

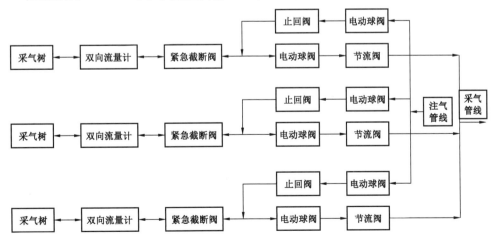

图 4 – 2 – 5　SCK3 井式水平井井丛井口流程图

（二）SCK-8注采试验井

SCK-8井将用以注采试验,注气时关闭采气流程的电动球阀,打开注气管线上阀门,集注站来气经双向流量计计量后注入采气树;气井采气采用高压集气流程,采气时关闭注气流程的止回阀和电动球阀,打开采气流程的电动球阀,采气树来气经双向流量计计量后输向集注站,流程图如图4-2-6所示。

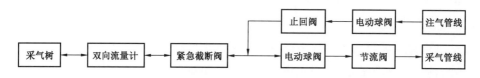

图4-2-6　SCK-8注采试验井井口流程图

（三）备用直井和老井

陕224储气库新建2口直井、利用3口老井进行采气。直井和老井均只采不注。直井和老井采用高压集气流程,采气树来气经流量计计量后直接输向集注站,流程图如图4-2-7所示。

图4-2-7　备用直井和老井井口流程图

四、集注站

（一）注气工艺流程

注气时,由靖边末站来的产品气进站压力为5.8MPa,温度为20℃,经初步分离,计量后进入压缩机组增压,压缩机出口压力为17~30MPa,温度为40~65℃,经注气管道分别输送至各注气井场。注气工艺流程如图4-2-8所示。

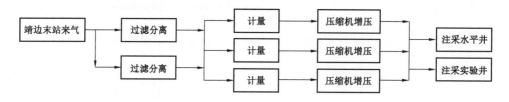

图4-2-8　陕224集注站注气工艺流程图

（二）采气工艺流程

采气初期,水平井节流后进站压力为10MPa,温度为19.94℃;直井和老井进站压力最高为25MPa,温度为19.5℃。采出天然气总流量为$418 \times 10^4 \mathrm{m}^3/\mathrm{d}$,首先进入天然气加热炉加热,然后节流至5.2MPa,保证节流后的温度不低于25℃,接着进入采气分离器,初步分离出天然气中的游离水和机械杂质后,进入三甘醇脱水装置进行脱水处理,水露点达标后计量外输。后期进站压力低于10MPa时,原料气天然气经分离、脱水后外输。采气工艺流程如图4－2－9所示。

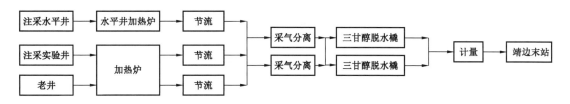

图4－2－9 陕224集注站采气工艺流程示意图

五、注采管网

(一)注气管道

根据井位、集注站分布,陕224储气库建有集注站至水平井、集注站至SCK－8井两条注气管道,注气管线走向如图4－2－10所示。

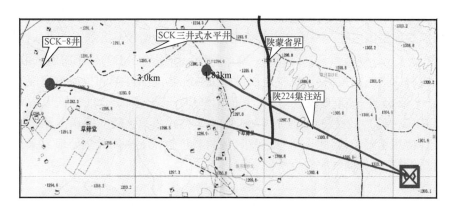

图4－2－10 注气管线走向示意图

水平井注气管道:始于集注站,向西经内蒙古自治区乌审旗下草筛堂村到达三井式水平井井场,管道全长1.83km,管材为L450M,管径为φ219mm。

SCK－8井注气管道:始于集注站,向西分别经乌审旗下草筛堂村和草筛堂村到达SCK－8井井场,管道全长3.0km,管材为L450M,管径为φ89mm。

(二)采气管道

1.概述

根据井位、集注站分布,陕224储气库建有采气管道共有6条,采气管线走向如图4－2－11所示。

水平井场至集注站采气管线长度1.8km,管径φ355.6mm,材质为L360QS;SCK－8井至集注站采气管线长度为3.0km,管径φ114mm,材质为L360QS;SCK－11井至集注站采气管线长度为3.3km,管径φ114mm;SCK－S1井至集注站采气管材长度为0.4km,管径φ89mm,材质为L360QS;SCK－1B井至集注站采气管材长度为1.3km,管径φ114mm,材质为L360QS;SCK－2B

井至集注站采气管材长度为3.7km,管径φ168mm,材质为L360QS。

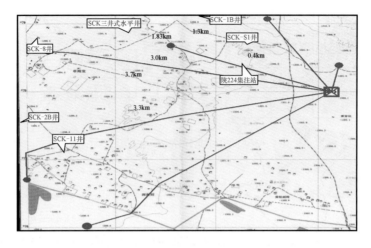

图4-2-11 采气管线走向示意图

2. 管材选用

陕224储气库是国内唯一一座含硫气藏型储气库,采出气含H_2S和CO_2等酸性气体,根据规范《天然气脱水设计规范》(SY/T 0076—2008)规定,严格确定CO_2分压所属区域,确定设备采取相应的内防腐措施。根据《天然气地面设施抗硫化物应力开裂和抗应力腐蚀开裂的金属材料要求》(SY/T 0599—2006)规定,严格计算H_2S、CO_2分压,确定管线输送原料天然气属于SSC3级(图4-2-12)。管线材质选取L360钢级S类。考虑到管线输送湿原料气和储气库管线要求设计使用年限长,因此采用QS等级(原材料进行正火+回火热处理),采气系统全部采用抗硫材质管材,确保储气库安全平稳运行。

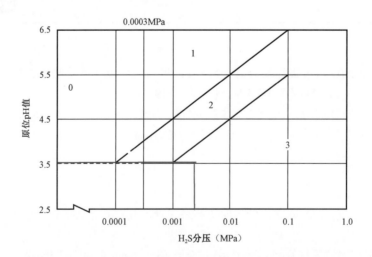

图4-2-12 采气管道碳钢和低合金钢SSC的环境严重程度的区域
0—0区;1—SSC1区;2—SSC2区;3—SSC3区

（三）双向输气管道

双向输气管道在注气时，负责将靖边末站产品气输送至陕 224 集注站；采气时，负责将储气库采出气输往靖边末站外输。

管道起始于陕 224 集注站，线路出站后向南经曹家坑、卜伙场、沙蒿堂，绕过居民区，穿越省道 S215 后转向偏西方向，最终止于靖边末站。管道总体呈南－北方向，具体走向如图 4－2－10 所示。管线长度为 9.51km，管径为 $\phi508mm$，材质为 L360QS。

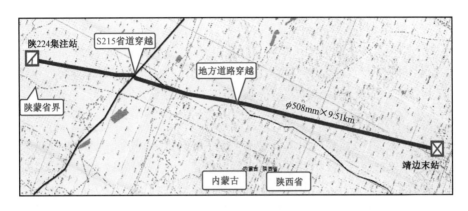

图 4－2－13　双向输气管线走向示意图

（四）联络线

陕 224 储气库联络线为靖边末站—陕京线靖边压气站及第一净化厂集联络线，用于前期阶段将储气库采出原料气经靖边末站输至第一净化厂处理。后期负责将西气东输首站来气输送至靖边末站，经靖边末站用以向陕 224 储气库注气，联络线走向如图 4－2－11 所示。

陕京线靖边压气站—靖边末站注气管道起于西气东输首站，止于靖边末站，管线长度为 0.9km，管径为 $\phi508mm$，材质为 L360QS。

靖边末站—第一净化厂集配气区原料气管线由第一净化厂集配气区"T"接至陕京线靖边压气站—靖边末站注气管道交点，原料气管线长度为 0.35km，管径为 $\phi508mm$，材质为 L360QS。

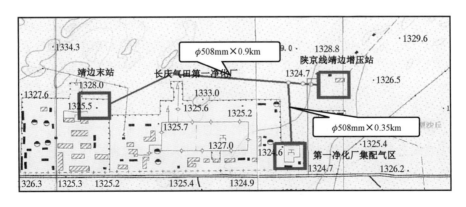

图 4－2－14　联络线走向示意图

第三节 天然气处理

陕224储气库注入气为陕京管道的商品气(符合国家天然气二类气标准),采出气为含H_2S和CO_2的饱和天然气,需进行脱硫脱碳处理,由于采出气几乎不含凝析油,因此只需脱水进行水露点控制。因此,陕224储气库需要脱水、脱硫脱碳处理。

一、脱水工艺

天然气脱水是指将陕224储气库采出气脱除饱和水蒸气的过程。脱水的目的是:(1)防止在处理和储运过程中出现水合物和液态水;(2)符合天然气产品的水含量(或水露点)质量指标;(3)防止腐蚀。因此,在天然气露点控制生产过程中需进行脱水。

(一)天然气含水的影响

由于残存地层水的影响,采气期从采气井采出的井流物中都含有饱和水汽及游离水。天然气中水汽的存在降低了天然气的热值,同时也降低了输气管道的输送能力。当天然气被压缩或冷却时,水汽会从气流中析出形成液态水。在一定条件下,液态水和气流中的烃类、酸性组分等其他物质一起将形成冰状水合物。水合物的存在会增加输气压降,降低管道输气能力,严重时会堵塞阀门和管道,影响正常供气。陕224储气库采出气是含有H_2S和CO_2等酸性组分的天然气,液态水的存在会加速H_2S和CO_2等酸性组分对阀门、管道及设备的腐蚀,降低管道的使用寿命。因此,天然气必须经过脱水处理,达到规定的水汽含量指标后才允许进入输气干线。

根据《天然气》(GB 17820—2012)的规定,在交接点的压力和温度条件下,商品天然气水露点应比最低环境温度低5℃。

(二)陕224储气库脱水工艺

1. 脱水工艺选择

用于天然气脱水的工艺方法主要有低温分离、固体吸附和溶剂吸收三类方法。

低温分离常用于有足够压力,能进行节流制冷的场所;固体吸附用于深度脱水,如加气站分子筛脱水,水露点可达−60℃左右,另外在深冷工艺中也常用固体吸附;溶剂吸收适合露点控制,普遍采用甘醇类(如三甘醇)吸收,目前应用最广,靖边气田就全部采用了三甘醇脱水进行水露点控制。在长庆榆林天然气处理厂,苏里格第一处理厂至第五处理厂和米脂处理厂均采用了低温分离工艺。

低温工艺中,最为常用的制冷工艺有外制冷法、J-T阀节流制冷法和膨胀制冷法等,其中膨胀制冷法效率比J-T阀节流制冷法高,但投资高于J-T阀节流制冷法,并且为满足膨胀机对入口天然气含水量的要求,还需要采用分子筛脱水,投资和运行费用均较高,结合储气库原料气条件,不推荐采用该法。

根据储气库运行的特点,最低进集注站压力为6.3MPa,出站压力为4.9MPa,因此适合集注站脱水方案有两种,即三甘醇脱水工艺和J-T阀节流制冷低温分离工艺(表4-3-1)。

方案一:三甘醇脱水工艺。

本工程采气进站后经加热、节流至5.3MPa,温度控制在25℃。经采气分离器分离出天然气中的游离水和机械杂质后进入三甘醇脱水装置,脱水后外输压力不低于4.9MPa。

装置采用浓度为99.6%(质量分数)的TEG作脱水剂,用以脱除湿净化气中的饱和水。经吸收塔脱水后的干净化气外输。TEG富液再生所产生的废气经分液后放空。

方案二:J-T阀制冷低温分离工艺。

井口初期节流至7.2MPa,进站天然气压力不低于7.0MPa,经J-T阀节流至5.0MPa,温度达到低温分离要求,满足产品气水露点要求。

表4-3-1 脱水工艺对比表

项目		方案一	方案二
方案描述		三甘醇脱水工艺	J-T阀节流制冷低温分离工艺
管线工作量		采气管道φ355.6mm×14.2mm×1.8km	采气管道φ355.6mm×8.8mm×1.8km; 注醇管线20~48mm×7mm×1.8km
脱水装置 工程量		(1)三甘醇吸收塔φ1800m×16m 2台; (2)再生装置14000mm×26000mm 2套; (3)产品气分离器φ1400mm×6000mm 2台; (4)三甘醇补充罐φ1400mm×5500mm 1台; (5)三甘醇储罐φ3800mm×3800mm 1台	(1)J-T阀Class600 10MPa φ200mm 2个; (2)预冷换热器,热负荷5192kW,换热面积3120m²,选用4台管壳式换热器串联,2台1组,共2组; (3)低温分离器立式设计压力63MPa,φ1000mm 2具
站内其余 工作量		加热炉2100kW 1台	(1)甲醇回收装置100m³/d 1套; (2)甲醇污水预处理和储运设施; (3)供热站2MW
年运行损耗		电:10.4×10⁴kW·h; 三甘醇:7.5t; 燃料气:17.28×10⁴m³	甲醇:1152m³
可比 投资 (万元)	20年运行费用	202.09	2408.23
	管线	306.9	233.68
	装置	2224.76	387.6
	其他	202.4(加热炉)	1975.5(甲醇回收装置)
	合计	2936.15	5005.1
优点		综合投资低,工艺成熟,不注醇	装置操作简单,充分利用压力能
缺点		天然气加热负荷高,运行成本高	(1)含醇污水处理难度较大; (2)后期采气管线进站压力低于7.0MPa时,J-T阀节流制冷脱水无法满足水露点要求,如提高进站压力将影响储气库库容和运行
结论		推荐方案一:三甘醇脱水工艺	

2. 三甘醇脱水工艺方法及特点

三甘醇脱水装置采用99.6%(质量分数)TEG作脱水剂,脱除湿净化气中的饱和水。经吸收塔脱水后的干净化气外输作为商品气。TEG富液再生所产生的废气经分液后放空。

三甘醇脱水装置脱水装置所采用的 TEG 脱水、火管直接加热再生工艺具有以下特点：

（1）TEG 脱水工艺流程简单、技术成熟，与其他脱水法相比可获得较大露点降、热稳定性好、易于再生、损失小、投资和操作费用省等优点。

（2）将贫液冷却器设在循环泵入口前，既改善了循环泵的操作条件，又可降低产品气的温度，减小了对长输管道管输能力的影响。

（3）在循环泵出口处设置开工线，以缩短开工时溶液系统升温时间。

（4）在富液管线上设置过滤器，以除去溶液系统中携带的机械杂质和降解产物，保持溶液清洁，有利于装置长周期平稳运行。

（5）采用直接火管加热的再生系统，可以避免专为 TEG 再生而设置中压蒸汽系统。

3. 脱水装置工艺流程

从采气分离器来的压力为 5.2～5.6MPa、温度约 25℃ 的湿天然气进入三甘醇吸收塔下部，湿天然气在三甘醇吸收塔中的上升，与从塔上部下来的贫三甘醇充分接触，气液传质交换，脱除掉天然气中的水分后，再经塔顶捕雾丝网除去大于 5μm 的甘醇液滴后由塔顶部出塔。自三甘醇吸收塔脱水后的干天然气进入产品气分离器中分离掉天然气中携带的三甘醇后，干天然气经调节阀调节控制吸收塔运行压力，进入集配气区。

（三）三甘醇再生工艺

陕224 储气库为典型的含硫气藏型储气库，采用三甘醇脱水工艺进行水露点控制，三甘醇需要循环再生使用。

三甘醇脱水装置的工艺流程比较简单，采用气提再生的脱水工艺流程，如图 4-3-1 所示。

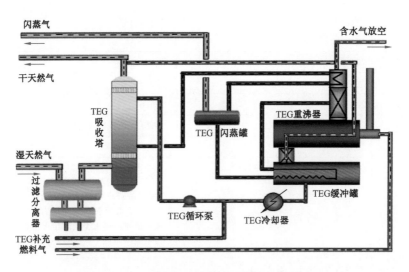

图 4-3-1 陕224 三甘醇脱水装置工艺流程图

（1）贫三甘醇由三甘醇吸收塔上部进入塔内，由上而下经过填料段，与由下而上的湿天然气充分接触，吸收湿天然气中的水分。吸收水分后成为富液的三甘醇溶液在塔下部出口流出，进入到富液精馏柱顶部回流冷却盘管，被加热到约 50℃ 左右，进入三甘醇富液闪蒸罐。

（2）富甘醇在闪蒸罐内将溶解在三甘醇内的烃类气体闪蒸出来,该气体进入燃料气系统作为补充燃料气使用,甘醇由闪蒸罐下部流出,经过闪蒸罐液位控制阀,依次进入三甘醇前过滤器、活性炭过滤器。通过活性炭过滤器过滤掉富液中的部分重烃及三甘醇再生时的降解物质;通过后过滤器除去富甘醇中 $5\mu m$ 以上的固体杂质。

（3）经过滤后富甘醇进入贫富液换热器,与由再生重沸器下部三甘醇缓冲罐流出的热贫甘醇换热升温至 $120\sim140℃$ 进入三甘醇再生塔。

（4）在三甘醇再生塔和重沸器中,通过提馏段、精馏段、塔顶回流及塔底重沸的综合作用,使富甘醇中的水分及很小部分烃类分离出塔。重沸器中的贫甘醇经贫液汽提柱,溢流至重沸器下部三甘醇缓冲罐,在贫液汽提柱中可由引入汽提柱下部的热干气对贫液进行汽提。

（5）贫液出缓冲罐,进入板式贫富液换热器,与富甘醇换热,温度降至 $60\sim70℃$ 后进入三甘醇循环泵,通过三甘醇循环泵打入吸收塔吸内循环利用。

（6）从 TEG 富液中脱出的废气进入 TEG 尾气灼烧炉灼烧后从高点排入大气,液体经排污总管进入生产排污总管。

（7）装置投产时可将溶液投加至三甘醇储罐中,通过三甘醇提升泵加入三甘醇再生装置中;装置检修时将装置内的三甘醇溶液全部退至三甘醇储罐中储存;三甘醇储罐在检修中可作为碱洗的碱液配置罐。

二、脱硫脱碳工艺

陕 224 储气库垫底气中含有 H_2S 和 CO_2 等酸性组分,在采气、处理和储运过程中会造成设备和管线腐蚀,而且用作燃料时会污染环境,危害用户健康;用作化工原料时会引起催化剂中毒,影响产品收率和质量。此外,天然气中 CO_2 含量过高还会降低其热值。因陕 224 储气库采出天然气中酸性组分含量超过商品气质量指标或管输要求,所以必须采用合适的方法将其脱除至允许值以内。

（一）脱硫脱碳方法分类

天然气脱硫脱碳方法很多,一般可分为化学溶剂法、物理溶剂法、化学—物理溶剂法、直接转化法和其他类型方法等。

1. 化学溶剂法

化学溶剂法系采用碱性溶液与天然气中的酸性组分(主要是 H_2S 和 CO_2)反应生成某种化合物,故也称化学吸收法。吸收了酸性组分的碱性溶液(通常称为富液)在再生时又可使该化合物将酸性组分分解与释放出来。这类方法中最具代表性的是采用有机胺的醇胺(烷醇胺)法以及有时也采用的无机碱法,例如活化热碳酸钾法。

醇胺法是目前国内外最常用的天然气脱硫脱碳方法。属于此法的有一乙醇胺(MEA)法、二乙醇胺(DEA)法、二甘醇胺(DGA)法、二异丙醇胺(DIPA)法、甲基二乙醇胺(MDEA)法,以及空间位阻胺、混合醇胺、配方醇胺溶液(配方溶液)法等。

2. 物理溶剂法

物理溶剂法是利用某些溶剂对气体中 H_2S 和 CO_2 等与烃类的溶解度差别很大而将酸性组分脱除，故也称物理吸收法。

物理溶剂法一般在高压和较低温度下进行，适用于酸性组分分压高（大于 345kPa）的天然气脱硫脱碳。此外，此法还具有可大量脱除酸性组分，溶剂不易变质，比热容小，腐蚀性小以及可脱除有机硫（COS，CS_2 和 RSH）等优点。由于物理溶剂对天然气中的重烃有较大的溶解度，故不宜用于重烃含量高的天然气，且多数方法因受再生程度的限制，净化度（即原料气中酸性组分的脱除程度）不如化学溶剂法。当净化度要求很高时，需采用汽提法等再生方法。

目前，常用的物理溶剂法有多乙二醇二甲醚法（Selexol 法）、碳酸丙烯酯法（Fluor 法）、冷甲醇法（Rectisol 法）等。

3. 化学—物理溶剂法

这类方法采用的溶液是醇胺、物理溶剂和水的混合物，兼有化学溶剂法和物理溶剂法的特点，故又称混合溶液法或联合吸收法。目前，典型的化学—物理吸收法为砜胺法（Sulfinol），此外还有 Amisol、Selefining、Optisol 和 Flexsorb 混合 SE 法等。

砜胺法分为 DIPA—环丁砜法（Sulfinol—D 法，砜胺Ⅱ法）和 MDEA—环丁砜法（Sulfinol—M 法，砜胺Ⅲ法），其操作条件和脱硫脱碳效果与相应的醇胺法大致相当，但物理溶剂的存在使溶液的酸气负荷提高，尤其是当原料气中酸性组分分压高时此法更为适用。此外，砜胺法还可脱除有机硫化物。

砜胺法自问世以来，由于能耗低、可脱除有机硫、装置处理能力大、腐蚀轻、不易起泡和溶剂变质少的优点，因而被广为应用，现已成为天然气脱硫脱碳的主要方法之一。

4. 直接转化法

这类方法以氧化—还原反应为基础，故又称氧化—还原法或湿式氧化法。它借助于溶液中的氧载体将碱性溶液吸收的 H_2S 氧化为元素硫，然后采用空气使溶液再生，从而使脱硫和硫黄回收合为一体。此法目前虽在天然气工业中应用不多，但在焦炉气、水煤气、合成气等气体脱硫及尾气处理方面却广为应用。由于溶剂的硫容量（即单位质量或体积溶剂能够吸收的硫的质量）较低，故适用于原料气压力较低及处理量不大的场合。属于此法的主要有以钒离子为氧载体的钒法（ADA—$NaVO_3$ 法、栲胶—$NaVO_3$ 法等）、以铁离子为氧载体的铁法（Lo—Cat 法、Sulferox 法、EDTA 络合铁法、FD 及铁碱法等），以及 PDS 等方法。

5. 其他方法

除上述方法外，目前还可采用分子筛法、膜分离法、低温分离法及生物化学法等脱除 H_2S 和有机硫。此外，非再生的固体（例如海绵铁）、液体以及浆液脱硫剂则适用于 H_2S 含量低的天然气脱硫。其中，可以再生的分子筛法等又称为间歇法。

分子筛也可用来从气体中脱除硫化物。分子筛对于极性分子即使在低浓度时也有相当高的吸附容量，其对一些化合物的吸附强度按递减顺序为：$H_2O > NH_3 > CH_3OH > CH_3SH > H_2S > COS > CO_2 > CH_4 > N_2$。

当用于选择性脱除 H_2S 时,可将 H_2S 脱除到 $6mg/m^3$。分子筛还可用来同时脱水及脱有机硫,或用来脱除 CO_2。

膜分离法借助于膜在分离过程中的选择性渗透作用脱除天然气的酸性组分,目前有 AVIR、Cynara、杜邦(DuPont)、Grace 等法,大多用于从 CO_2 含量很高的天然气中分离 CO_2。

上述主要脱硫脱碳方法的工艺性能对比见表 4 - 3 - 2。

表 4 - 3 - 2　气体脱硫脱碳方法性能比较

方法	脱除 H_2S 至 4×10^{-6}(体积分数) ($5.7mg/m^3$)	脱除 RSH、COS	选择性脱 H_2S	溶剂降解(原因)
伯醇胺法	是	部分	否	是(COS、CO_2、CS_2)
仲醇胺法	是	部分	否	一些(COS、CO_2、CS_2)
叔醇胺法	是	部分	是[②]	否
化学—物理法	是	是	是[②]	一些(CO_2、CS_2)
物理溶剂法	可能[①]	略微	是[②]	否
固体床法	是	是	是[②]	否
液相氧化还原法	是	否	是	高浓度 CO_2
电化学法	是	部分	是	否

① 某些条件下可以达到。

② 部分选择性。

(二)脱硫脱碳方法的选择原则

1. 一般情况

对于处理量比较大的脱硫脱碳装置,首先应考虑采用醇胺法的可能性,即:

(1)原料气中碳硫比高(CO_2/H_2S 摩尔比 >6)时,为获得适用于常规克劳斯硫黄回收装置的酸气(酸气中 H_2S 浓度低于 15% 时无法进入该装置)而需要选择性脱 H_2S,以及其他可以选择性脱 H_2S 的场合,应选用选择性 MDEA 法。

(2)原料气中碳硫比高,且在脱除 H_2S 的同时还需脱除相当量的 CO_2 时,可选用 MDEA 和其他醇胺(例如 DEA)组成的混合醇胺法或合适的配方溶液法。

(3)原料气中 H_2S 含量低、CO_2 含量高且需深度脱除 CO_2 时,可选用合适的 MDEA 配方溶液法(包括活化 MDEA 法)。

(4)原料气压力低,净化气的 H_2S 质量指标严格且需同时脱除 CO_2 时,可选用 MEA 法、DEA 法、DGA 法或混合醇胺法。如果净化气的 H_2S 和 CO_2 质量指标都很严格,则可采用 MEA 法、DEA 法或 DGA 法。

(5)在高寒或沙漠缺水地区,可选用 DGA 法。

2. 需要脱除有机硫化物

当需要脱除原料气中的有机硫化物时一般应采用砜胺法,即:

（1）原料气中含有 H_2S 和一定量的有机硫需要脱除,且需同时脱除 CO_2 时,应选用 Sulfinol—D 法(砜胺Ⅱ法)。

（2）原料气中含有 H_2S、有机硫和 CO_2,需要选择性地脱除 H_2S 和有机硫且可保留一定含量的 CO_2 时应选用 Sulfinol—M 法(砜胺Ⅲ法)。

（3） H_2S 分压高的原料气采用砜胺法处理时,其能耗远低于醇胺法。

（4）原料气如经砜胺法处理后其有机硫含量仍不能达到质量指标时,可继之以分子筛法脱有机硫。

3. H_2S 含量低的原料气

当原料气中 H_2S 含量低、按原料气处理量计的潜硫量不大、碳硫比高且不需脱除 CO_2 时,可考虑采用以下方法,即:

（1）潜硫量为 $0.5 \sim 5t/d$ 时,可考虑选用直接转化法,例如 ADA—$NaVO_3$ 法、络合铁法和 PDS 法等。

（2）潜硫量小于 $0.4t/d$(最多不超过 $0.5t/d$)时,可选用非再生类方法,例如固体氧化铁法、氧化铁浆液法等。

4. 高压、高酸气含量的原料气

高压、高酸气含量的原料气可能需要在醇胺法和砜胺法之外选用其他方法或者采用几种方法的组合。

（1）主要脱除 CO_2 时,可考虑选用膜分离法、物理溶剂法或活化 MDEA 法。

（2）需要同时大量脱除 H_2S 和 CO_2 时,可先选用选择性醇胺法获得富含 H_2S 的酸气去克劳斯装置,再选用混合醇胺法或常规醇胺法以达到净化气质量指标或要求。

（3）需要大量脱除原料气中的 CO_2 且同时有少量 H_2S 也需脱除时,可先选膜分离法,再选用醇胺法以达到处理要求。

陕224储气库采出气含有 H_2S 的同时也含有一定量的 CO_2,属典型的高碳/硫比、低含 H_2S 气藏,采用溶剂法脱硫脱碳投资较高。随着注采周期的增加,采出气的 H_2S 和 CO_2 含量会逐年递减。根据预测第9个注采周期,注采全过程 H_2S 含量在安全范围 $20mg/m^3$ 以内,详见第5章第二节。采用溶剂法脱硫脱碳设备运行负荷逐年降低,造成净化能力浪费。因此,该库前期库容淘洗阶段就近借助气田已建净化厂对采出气进行脱硫脱碳净化处理。待后期 H_2S 和 CO_2 气质指标满足商品气要求后,通过集注站脱水后外输。

第四节　设备选型

陕224储气库集注站内主要设备有天然气压缩机、加热炉、分离器、放空分液罐、放空火炬等设备。

一、天然气压缩机选型

(一)压缩机设计参数

陕224储气库最大注气量可达 $250 \times 10^4 m^3/d$,压缩机进口压力 5.8MPa,出口压力 30MPa,

进口温度 20℃,出口温度不高于 65℃。

陕 224 储气库利用榆林南储气库 4500kW 电驱往复式压缩机作为陕 224 储气库注气动力。压缩机设计工况参数详见表 4 - 4 - 1。

表 4 - 4 - 1　榆林南储气库 4500kW 电驱往复式压缩机设计工况

项目	进口压力(MPa)	出口压力(MPa)	进口温度(℃)	出口温度(℃)	增压介质	单台压气量(10⁴m³/d)	海拔高度(m)	最高环境温度(℃)	最低环境温度(℃)	驱动方式	压缩机类型
设计工况	8.0	30	20	65	净化天然气	200	1200	38.6	-32.7	电驱	往复式

按照陕 224 储气库工况,对压缩机进行校核,详见表 4 - 4 - 2。

表 4 - 4 - 2　榆林南储气库 4500kW 电驱压缩机调整至陕 224 储气库工况

项目	进口压力(MPa)	出口压力(MPa)	进口温度(℃)	出口温度(℃)	增压介质	单台压气量(10⁴m³/d)	海拔高度(m)	最高环境温度(℃)	最低环境温度(℃)	驱动方式	压缩机类型
设计工况	5.8	30	20	65	净化气	148	1300	36.4	-28.5	电驱	往复式

榆林南储气库已订货的压缩机适用于陕 224 储气库的工况要求。

(二)压缩机的选型及规模

压缩机组选用电驱往复式压缩机,单套压缩机配置为西门子电机 4500kW + ARIEL/KBU6 压缩机组。

陕 224 储气库总增压规模为 $250 \times 10^4 m^3/d$。共设置 3 台压缩机组(2 用 1 备),单套压缩机组平均增压气量为 $125 \times 10^4 m^3/d$。

二、加热炉

天然气加热炉采用水套式加热炉。

水平井采出气量 $321 \times 10^4 m^3/d$,进站压力 10MPa,进站温度 19.94℃,保证天然气节流至 5.3MPa,温度不低于 25℃。采用国际领先的 Aspen HYSYS 软件模拟计算,节流前压力下天然气对应的温度为 44℃。经计算热负荷为 1913kW,考虑到加热炉 85% 加热效率,设 1 台加热功率 2100kW 天然气加热炉。

三、分离器

(一)采气

采气分离器选用卧式分离器,主要功能是除去原料气中携带的游离液和机械杂质;同时,应具有分离液体和固体杂质功能,固体颗粒捕集效率应大于等于 99.9%,具有高纳污量,长检修周期,低阻力,且运行稳定可靠。

采气分离器设计压力为63MPa,外径为1500mm,处理能力为$210 \times 10^4 m^3/d$,共设2台。

(二)注气

注气分离器选用卧式分离器,注气分离器可分离固体粒度≤10μm,分离液体粒度≤5μm,分离固体与液体颗粒的效率同时达到99%,且不允许出现液体夹带、卷吸、抽吸、二次破碎现象。

考虑到后期西气东输来气接入,注气分离器设计压力为99MPa,直径为508mm,处理能力为$150 \times 10^4 m^3/d$,共设2台。

四、放空分液罐

放空天然气在进入站外放空火炬前,经放空分液罐进行处理,避免带液天然气进行直接排放。放空分液罐为卧式重力式气液两相分离器。

参考 SH 3009—2013《石油化工可燃性气体排放系统设计规范》第8.1.16节计算公式进行计算。

$$D_{sk} = 0.0115 \times \sqrt{\frac{(a-1)q_v T}{(b-1)p\varphi u_c}} \qquad (4-4-1)$$

$$\rho_v = \frac{1000Mp}{RT} \qquad (4-4-2)$$

$$u_c = 1.15 \times \sqrt{\frac{gd_1(\rho_1 - \rho_v)}{\rho_v C}} \qquad (4-4-3)$$

$$C(Re)^2 = \frac{1.307 \times 10^7 d_1^3 \rho_v(\rho_1 - \rho_v)}{\mu^2} \qquad (4-4-4)$$

$$L_k = \varphi D_k \qquad (4-4-5)$$

$$b = 1.273 \times \frac{q_1}{\varphi D_k^3} \qquad (4-4-6)$$

$$a = 1.8506b^5 - 4.6265b^4 + 4.7628b^3 - 2.5177b^2 + 1.4714b + 0.0297 \qquad (4-4-7)$$

式中 D_{sk}——试算的卧式分液罐直径,m;

      a——罐内液面高度与罐直径比值;

      q_v——入口气体流量,m^3/h;

      b——罐内液体截面积与罐总截面积比值;

      T——操作条件下的气体温度,K;

      p——操作条件下的气体压力,kPa(绝压);

      φ——系数,宜取2.5~3.0;

u_c——液滴沉降速度,m/s;

L_k——气体入口至出口的距离,m;

D_k——假定的分液罐直径,m;

g——重力加速度,取 9.81m/s^2;

d_1——液滴直径,m;

ρ_1——操作条件下液滴的密度,kg/m^3;

ρ_v——操作条件下气体的密度,kg/m^3;

R——气体常数,取 $8314\text{N}\cdot\text{m/(kg}\cdot\text{K)}$;

C——液滴在气体中阻力系数;

μ——气体黏度,$\text{mPa}\cdot\text{s}$ 或 cP。

按照式(4-4-1)计算出卧式分液罐的直径,按照式(4-4-8)对其进行核算,分液罐的直径应满足式(4-4-8)核算结果。

$$\text{卧式分液罐直径} \geqslant 1.13 \times \sqrt{\frac{q}{v_c} + \frac{q_1}{\varphi D_k}} \qquad (4-4-8)$$

式中 q——操作状态下入口气体体积流量,m^3/s;

v_c——卧式分液罐内气体水平流动的临界流速,其值可由图4-4-1查得,m/s。

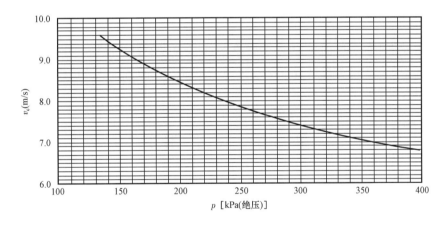

图4-4-1 卧式分液罐内气体水平流动的临界流速

经计算、核算,得出高低压分液罐直径分别为 2.31m 和 1.12m。因此,确定放空分液罐规格详见表4-3-3。

表4-4-3 放空分液罐统计表

设备名称	规格型号	单位	数量
高压放空分液罐	设计压力1.6MPa,直径2400mm	台	1
低压放空分液罐	设计压力1.6MPa,直径1200mm	台	1

五、三甘醇脱水装置

(一)建设规模

本装置进料气为采气分离器出来的天然气,设计 2 套处理能力为 $210 \times 10^4 \mathrm{m}^3/\mathrm{d}$ 的脱水装置(50% ~120%的操作弹性)。

(二)设计基础数据

压力:5.2~5.6MPa(表);温度:20~45℃。

产品气出装置条件:

产品气出本装置压力为 5.1~5.5MPa;

温度为 20~50℃;

水露点 ≤ −10℃(出装置工况条件下)满足《天然气》(GB 17820—2012)规定的外输商品气水露点要求。

(三)工艺方法及特点

本装置采用 99.6%(质量分数)TEG 作脱水剂,脱除湿净化气中的饱和水。经吸收塔脱水后的干净化气外输作为商品气。TEG 富液再生所产生的废气经分液后放空。

(四)平面布置

本装置的设备平面与竖面布置,本着紧凑、美观安全及有利于操作、检修的原则,采用流程式和同类设备相对集中的方式进行布置,主要工艺设备全部布置于装置检修通道的西侧,机泵设备布置在主管带下。

第五节   放 空 系 统

根据陕 224 储气库的工艺特点,集注站设高压与低压 2 套放空系统用于紧急事故状态的放空。集注站放空系统需满足 ESD 泄放和安全阀放空两种放空量的最大值,不叠加。安全阀放空量与工程自控水平及可靠性有关,ESD 泄放量与工艺系统有关。陕 224 集注站接收多个单井来气,每口单井均设有独立的 ESD 阀门,其泄放量按产量最大的 1 口单井不能关断的工况考虑;高压放空系统以单台设备出现事故时放空量为最大放空量。

根据 API 521 和 GB 50349—2015 规范要求,对于站场工艺系统的在火灾情况下的紧急放空,降压速率宜按照 15min 内将工艺系统压力降至 0.69MPa 或设计压力的 50%(二者取较小值)确定。为减少重复,放空量根据总体建设规模,通过对站内装置和进出站来气设置安全放空点放空量进行计算。

一、高压放空系统

根据陕 224 集注站不同的放空原因造成的放空量不同,对不同工况下的放空量,根据

API 521 规范要求利用 HYSYS 软件 Deprssing 动态泄放模型,通过站内设备和管线的有效容积,计算不同工况时最大瞬时最大泄放量,并进行放空量核算,分析如下:

(1)全站设置 ESD 系统,在火灾事故时,启动 ESD 一级关断,全站停车并联锁泄压,避免站内外叠加必须截断上游气源,采气时,站内放空气量为 $150.01 \times 10^4 m^3/d$;注气时,站内放空量为 $207.3 \times 10^4 m^3/d$。

(2)双向输气管道爆裂时,启动 ESD 二级响应,截断上游来气,同时关闭靖边末站进气,仅对双向输气管道内余气进行放空,放空量为 $120.07 \times 10^4 m^3/d$。

(3)上游水平井采气管道爆裂时,启动 ESD 二级响应,截断上游来气,同时紧急关闭井场,仅对采气管道内余气进行安全放空,放空量为 $36.1 \times 10^4 m^3/d$。

(4)压缩机组发生故障,机组自带 ESD 系统紧急响应,关断机组进出气,对站内增压后管道气进行放空,放空量为 $81.9 \times 10^4 m^3/d$。

(5)公用系统故障较长时间断电或仪表风等,启动 ESD 二级响应,关断截断阀,但不放空。

(6)公用系统较短时故障、仪表风等,启动 ESD 二级响应,关断截断阀,启动站外放空,此时放空量为站内全量放空,采气时,站内放空气量为 $150.01 \times 10^4 m^3/d$;注气时,站内放空量为 $207.3 \times 10^4 m^3/d$。

(7)站内安全阀放空。

通过对站内装置和进出站来气设置安全放空点放空量进行计算,综合考虑各种因素,按照站内各装置不同时放空考虑,陕 224 储气库高压系统最大放空量约为 $207.3 \times 10^4 m^3/d$。

二、低压放空系统

集注站辅助系统设备及低压管线放空进入低压放空系统,包括燃料气系统、闪蒸气进入低压放空系统,低压放空量约 $2.4 \times 10^4 m^3/d$。

三、放空火炬

根据 GB 50183—2004《石油和天然气工程设计防火规范》条文解释第 6.8.7 节和 SH 3009—2013《石油化工可燃性气体排放系统设计规范》第 9 章的要求,火炬计算参数详见表 4 - 5 - 1。

表 4 - 5 - 1 放空火炬计算参数表

火炬释放总热量 Q (kW)	火炬释热率 F	允许辐射热强度 q (kW/m²)	从火炬中心到受热点距离 R(m)	辐射半径 D (m)	受热点到地面的垂直高度 h(m)	辐射热传热系数 γ
803767	0.194	4.73	20	6	2	1.2187

计算得高压放空火炬直径为 DN300mm,高度 30m,低压放空火炬直径为 DN50mm,高度为 50m,二者共用一套火炬塔架。

第六节　自控系统与天然气计量

陕 224 储气库地面工程新建丛式水平井(3H)注采井场 1 座,改造 SCK - 8 直井注采井场(老井);新建陕 224 集注站 1 座,扩建靖边末站 1 座。

根据储气库的工艺技术特点,为满足储气库注采工艺过程安全生产和集中运行管理的基本要求,并结合国内已建储气库自控水平,陕 224 储气库在集注站内设置 PCS/ESD/F&G 综合控制系统,注采井场设置 RTU,在集注站实现站内和井场生产运行参数的集中采集和监视、控制、安全保护。

一、自控系统

(一)系统总体方案

1 座三井式注采水平井场和 1 座直井注采井场分别设置远程终端装置 RTU,RTU 通过光纤和集注站 PCS 连接,采用 TCP/IP 协议,通信速率不低于 10Mbit/s;4 座直井采气井场的温度、压力和流量参数通过采气流量计的 RS485 接口,以 Modbus RTU 协议,通过数传电台无线传输至集注站 PCS,通信速率 19.2kbit/s。在集注站通过 PCS 操作站实现对井场进行远程集中监视和控制,集注自控系统机构框图详见表 4 - 6 - 1。

靖边末站站控系统(SCS)采用 TCP/IP 协议,通过光纤链路将注、采交接计量数据传至集注站 PCS,在集注站通过 PCS 操作站实现对注、采交接计量数据的监视和监督。

(二)系统主要配置及功能

1. 集注站站控系统

1)PCS 系统

在正常情况下,操作人员在集注站控制室通过操作员站对集注站工艺装置和所辖注采井进行集中监视、控制和管理。操作站数据共享,互为冗余,可直接下达开关井操作指令。操作人员根据分工对各自负责的生产装置和所辖注采井进行操作、监视。

PCS 主要完成的功能如下:

(1)通过人机界面多画面动态模拟、集中显示各生产系统的个性化图表,为操作员提供一种面向工艺过程的准确而灵活的监控手段。支持连续控制、逻辑控制、顺序控制和数值运算所需的标准算法。提供报警和报告功能。

(2)采集所属各注采井、集注站内各装置的主要运行参数,建立集注站统一的生产数据库,为注采优化运行等基础数据。

(3)对各所辖注采井、工艺装置运行参数及状态实施有效监视,下达远控命令。

(4)系统采用冗余、开放式的数据库,能与第三方控制系统(如工艺成套控制系统)通过标准通信接口 RS485 和开放的通信协议 ModbusRTU 进行可靠连接,进行数据采集,对第三方控制系统进行监视。

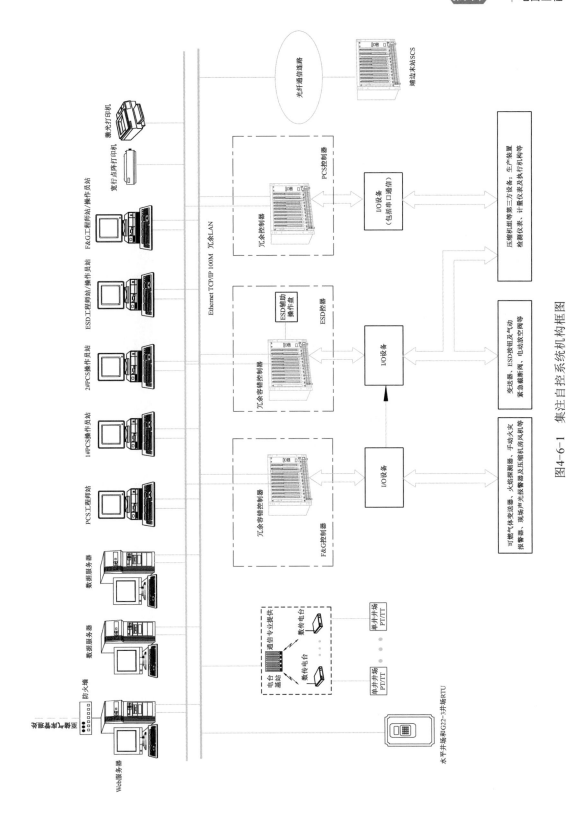

图4-6-1 集注自控系统机构框图

（5）具备完善的系统自诊断功能和强有力的维护功能，并且能定时自动或人工启动诊断系统，并在操作站/工程师站显示自诊断结果。

（6）能够提供灵活多样的报警方式，为过程控制、安全联锁及系统安全提供保护手段。

（7）打印生产报表、报警和事件报告。

（8）与上位系统进行数据交换。

（9）Web数据发布。

2）ESD系统

ESD对集注站注采装置实施安全监控，对人身安全和设备的运行进行保护，完成事故情况下各装置按预定逻辑进行安全联锁或紧急停车，使集注站处于故障安全模式。同时，向PCS提供联锁状态信号，根据需要关闭注采井场。

ESD独立设置，除按预定逻辑自动实施紧急截断功能外，在装置现场适当位置设置就地ESD按钮，用于现场工作人员在事故情况下手动实施紧急联锁功能。同时，在中控室ESD操作台上设置手动辅助操作盘（ESD手动按钮、紧急指示报警灯等），当装置泄漏、火灾或地震发生时，手动触发按钮，可关断相应装置或关闭全厂。

ESD系统的设置分为4个级别。

一级关断：全场停车、联锁泄压。发生重大事故（如装置大面积泄漏、火灾或地震发生时等），手动启动该级，关断所有生产系统，并实施站内紧急放空泄压，发出厂区报警并启动消防系统。

二级关断：全厂停车、人工判断泄压。生产检修或天然气泄漏、仪表风、电源等系统故障发生时执行关断，关断生产系统，发出厂区报警，人工判断放空。

三级关断：单元联锁关断。由手动控制或单元故障产生。此级只关断发生故障的单元系统，不影响其他系统。

四级关断：设备关断。由手动控制或设备故障产生。此级只关断发生故障的设备，不影响其他系统。

井口设置紧急切断阀，当井口管线回压升高或由于管线破裂压力降低是，井口切断阀动作，阀门关闭。井口紧急切断阀采用特殊设计电液阀，当执行机构出现故障时，阀门依靠管线内自身压力降阀门关闭，为失效性安全性产品，符合API规范。

3）F&G系统

集注站设置相对独立的F&G系统，F&G对站内消防系统，工艺装置区的可燃气体和火灾信号进行集中监测、报警及连锁保护。F&G系统由专用控制器、手动火灾按钮、火灾探测器、可燃气体探测器、声光报警器等构成。

当现场探测器探测到危险信号时，F&G系统产生报警，通过操作员站显示报警点物理位置，并启动相关现场声光报警。当多个危险信号同时存在时，根据系统的因果逻辑原理，启动F&G系统产生不同于一般情况下的报警形式，提醒操作人员，启动装置区的声光报警器，并触发相关的连锁停车。

主要完成的功能如下：

（1）自动采集注采装置区、压缩机房等可燃气体检测变送器、火焰探测器的输出信号和手动火灾报警按钮信号，完成可燃气体泄漏浓度监测报警及联锁启风机控制、火灾监视报警、现场声光报警等。

(2)自动采集消防水罐液位、消防泵出口压力和消防泵运行状态信息,显示并报警。

(3)建立动态数据库,当有报警信号时,能准确地切换到相应画面,显示出报警部位、报警性质等,具有语音及图像进行操作提示功能。

(4)向 ESD 发出火灾报警信号。

2. 井场 RTU

1 座水平井场和 1 座直井井场设置 RTU,井场不单独设置 ESD 系统,由 RTU 一并完成。井场为无人值守,维护人员只进行巡检和紧急维护。

井场 RTU 可独立于集注站 PCS,实现井口关键参数自动采集和控制。同时,集注站操作员可通过 PCS 系统监视所有井场参数,并可实现远程正常开关井或 ESD 关井。

主要检测和控制方案如下:

(1)单口套压,节流前后温度、压力,单井注采流量等参数采集。

(2)井口远程正常开关井控制。

(3)执行集注站 ESD 命令,关闭井口安全控制系统 SCSSV 和 SSV 命令(硬接线)。

(4)与井口安全控制系统、流量计算机、UPS 等通信,采集相关信息。

在 RTU 与集注站通信中断的情况下,RTU 按预设的程序完成对生产过程的检测和控制。在通信恢复时,RTU 将中断时的历史数据补传至控制中心。

(三)系统主要检测控制

1. 注气流程

(1)原料气来气压力监测。

(2)过滤分离器进出口差压监测、报警。

(3)过滤分离器液位监测,高低液位报警,并实现高低液位自动排液控制。

(4)过滤分离器后注气流量积算、累积。

(5)压缩机进出口温度、压力监测。

(6)压缩机组控制盘 UCP 与 PCS 之间通过 RS485 Modbus for RTU 进行数据通信,监测压缩机组主要生产运行参数。

(7)压缩机机组正常远程停机控制,机组运行状态监测,机组综合报警。

(8)压缩机润滑油罐液位监测。

2. 采气流程

(1)注采井采出气进站温度、压力监测。

(2)加热炉主要运行控制由其自带控制器完成,主要运行状态(水浴温度、水位低限、火焰熄火)传至 PCS 进行监测、报警,并可实现远程停炉控制。

(3)节流后天然气温度、压力监测报警。

(4)过滤分离器压力监测,进出口差压监测、报警。

(5)过滤分离器液位监测,高低液位报警,并实现高低液位自动排液控制。

(6)过滤分离器入口电动阀门遥控。

（7）脱水装置入口天然气温度、压力监测。

（8）三甘醇吸收塔塔底三甘醇液位连续控制、超限截断,塔底污水液位监测,塔盘差压监测,进塔贫液量计量。

（9）产品气分离器液位监测,出装置产品气计量,装置处理量平衡控制,产品气水露点在线监测。

（10）三甘醇再生气灼烧炉温度监测,燃气压力监测。

（11）三甘醇储罐、补充罐液位监测,三甘醇储罐氮封压力控制,补充罐提升泵运行状态监测。

（12）三甘醇再生橇主要运行参数监测:

① 富液闪蒸罐液位、压力监测;

② 富液进再生塔温度监测;

③ 三甘醇再生塔塔顶温度监测;

④ 三甘醇重沸器温度监测;

⑤ 三甘醇缓冲罐液位监测、报警;

⑥ 三甘醇提升泵出口压力监测,入口温度监测,泵运行状态监测;

⑦ 燃料气流量计量,燃料气罐压力监测;

⑧ 仪表风罐压力监测。

（13）出站外输天然气计量,温度压力监测。

（14）清管器电动阀门遥控,自用气压力、流量监测。

（15）闪蒸分液罐压力控制、液位控制。

（16）污水罐液位监测、报警。

3. 辅助工艺

（1）净化、非净化空气、氮气压力监测,消耗量计量。

（2）空气压缩机、空气净化系统、制氮装置控制盘与 PCS 之间通过 RS485 Modbus for RTU 进行数据通信,监测其主要生产运行参数。

二、天然气计量

陕 224 储气库计量范围主要包括:靖边末站注气原料气、采出气交接计量;井口注采双向计量;集注站站内检测计量。

（一）交接计量

陕 224 储气库注气原料气在靖边末站计量后通过注采双向管道输至集注站,注气量为 $250 \times 10^4 \mathrm{m}^3/\mathrm{d}$,气源压力 4.6MPa;集注站采出气通过注采双向管道输至靖边末站外输,采出气量 $418 \times 10^4 \mathrm{m}^3/\mathrm{d}$,压力 4.9MPa。按照工艺流程,注气、采气交接计量共用流量计。

目前,靖边末站至陕京线外输交接计量采用超声波流量计,为便于统一管理,陕 224 储气库注采交接计量也采用超声波流量计,具体设置如下:

注采计量共用 2 台 DN250mm 600lb 超声波流量计(1 用 1 备);每台超声波流量计配套温度、压力补偿仪表,信号传至对应的流量计算机进行流量计算、累积,流量计算机采用 RS485

接口、Modbus RTU 协议将相关参数传至站控系统进行显示。

(二)井口注采双向计量

陕 224 储气库注井口注采计量采用双向计量工艺。目前,国内储气库井口注采计量工艺多采用双向计量,主要有金坛储气库采用的两声道管道式气体超声流量计和大港京 58 储气库采用的进口靶式流量计。榆林储气库集注站 2 口注采井双向计量也采用了靶式流量计,现场还在 1 口井试验了外夹式超声波流量计。三种双向流量计和孔板流量计选型对比,详见表 4 - 6 - 1。

表 4 - 6 - 1 流量计选型对比表

种类	管道式超声流量计	靶式流量计	外夹式超声流量计	孔板流量计
原理	传播时间差法	靶受力与密度、流速平方成正比	传播时间差法	孔板
测量方式	双向	双向	双向	单向
应用地点	金坛储气库	京 58 储气库群、榆林储气库	榆林储气库	长庆气田
价格	DN100mm 2500lb 双声道约 80 万元/套	DN100mm 2500lb 约 18 万元/套	双声道约 25 万元/套 单声道约 18 万元/套	DN100mm 42MPa 约 6 万元/套(含温、压补偿)
性能特点	(1)规格 2～48in; (2)压力范围 0～45MPa; (3)精度约 1%,量程比宽 100:1; (4)测量管内无阻流件	(1)规格 1/2～60in; (2)压力范围 0～70MPa; (3)精度约 2%,量程比较宽 15:1; (4)可测湿气、脉动流	(1)规格 1/4～48in; (2)单声道精度 2%,双声道精度 1%,量程比宽 100:1; (3)无阻流件,对介质的压力、腐蚀性无要求	(1)规格 2～40in; (2)压力范围 0～42MPa; (3)量程比窄 3:1; (4)精度约 3%; (5)价格便宜
缺点	(1)管道节流振动、噪声对计量有影响; (2)湿天然气中水蒸气对超声波影响大,积液时无法测量; (3)价格高; (4)交货周期约 24 周	(1)介质中机械固体杂质、采出物颗粒杂质对传感器影响大,易冲刷损坏; (2)价格较高,交货周期约 16 周	(1)对夹持安装要求严格,长期处于大温差环境中会影响夹持器的固定,需定期校准; (2)价格较高,交货周期约 8～10 周	(1)计量范围窄,能单向计量,无双向计量标准; (2)湿气计量取压安装复杂,易冻堵,引压管需伴热,孔板片不易更换,需停气拆卸; (3)孔板在管道中形成阻挡,易被冲蚀、积液; (4)直管段长,至少前 30D/10D,占地较大

注:D—管径。

根据现场试验,在注气阶段靶式和外夹式超声流量计均可满足计量要求,2 口井注气计量总量与站内注气孔板总计量误差 3% 左右。采气阶段初期,靶式和外夹式超声流量计计量值接近,2 口井采气计量总量与站内采气孔板计量误差在 3% 左右,采气一段时间由于井口压力从 15MPa 下降到 7MPa,靶式和外夹式超声流量计有较大差值,超过 10%,且靶式流量计使用过程中存在靶杆损坏情况。

孔板流量计虽然单项价格便宜,但不能双向计量,只能注、采分别计量,若在井口采用注、采分别计量,还需增加检修的高压截断阀,还必须保证前30D、后10D直管段,湿气计量取压管路还要考虑排污流程,电伴热保温,安装复杂,易出现冻堵,对高压25MPa孔板的使用还未有运行经验,其计量范围也窄,采气时流量变化大,实际可能多超量程运行,高压孔板流量计不能在线更换孔板,只能停气拆卸更换,维护工作量大,且注采分别计量2套孔板流量计综合投资与1台双向流量计接近。

综合上述考虑,该工程推荐注采井采外夹式超声流量计进行双向计量。

第七节 QHSE 管理

QHSE质量、健康、安全环境管理体系是国际石油天然气行业通行的管理体系,也是一种先进的系统化、科学化、规范化、制度化的管理体系。QHSE的核心是通过风险管理来确保组织的活动、过程和产品符合国家的法律、法规,并实现组织的QHSE目标。自1997年以来,中国石油天然气集团有限公司在借鉴国外先进的质量健康安全管理体系和环境管理体系的基础上,结合行业特点和企业实际,开始建立和推行质量、健康、安全与环境管理体系。它不仅将质量、健康、安全、环境4种密切相关的领域结合起来,而且还满足了环境管理和质量、职业安全健康管理的要求。这也是目前世界上各大石油天然气企业普遍推行的先进管理模式。

为保证陕224储气库平稳运行,储气库管理处注重健康、安全与环境管理,成立了以长庆油田主要领导为主任,各科室主要负责人为成员的QHSE委员会,建立有处级、部门单位级、队站/班组级三级QHSE管理责任体系,职能部门质量安全环保科负责全处健康、安全与环境管理工作,建立和保持QHSE体系有效运行,落实各级人员的QHSE责任,推动QHSE管理水平和绩效水平逐步提高。

为规范储气库管理处管理层、机关职能科室、机关附属及基层单位的HSE管理活动,遵循"统一策划、统一管理、统一运行、统一改进"的原则,依据Q/SY 2.2《质量健康安全环境管理体系要求》、Q/SY 1002.1《健康、安全与环境管理体系 第1部分:规范》标准、遵照AQ 2043—2012《石油行业安全生产标准化 陆上采气实施规范》标准、考虑GB/T 28001—2011《职业健康安全管理体系 要求》和GB/T 24001—2016《环境管理体系要求及使用指南》标准并结合现场设计,陕224储气库管理处编制了QHSE管理手册。

一、安全管理

(一)工程危害因素分析

1. 主要物料危险因素分析

陕224的主要危险物料有天然气、甲醇、硫化氢、固体废物等。

1)原料天然气

主要危险物质为天然气。天然气比空气轻,易燃、易爆,属甲类火灾危险品。天然气的引燃温度为482~632℃,遇明火高热易引起爆炸,与氟、氯能发生剧烈的化学反应。它具有易燃、易爆、高可压缩性、易扩散性、中毒和窒息、腐蚀性、热膨胀性、冰堵。

2）甲醇

集气站和净化厂设有注醇系统。甲醇为无色透明易燃易挥发液体,是剧毒物品,对神经系统和血管系统影响最大。其蒸汽刺激眼睛和呼吸管道黏膜,高浓度时会引起头痛、头昏、损害视觉。饮入 100mL 以上即有失明的危险,饮入 100～250mL 可以致死。其蒸汽在空气中最高允许浓度为 50mg/m³,在居民区大气中,昼夜平均允许极限浓度为 0.5mg/m³。

3）硫化氢

该工程天然气中含有 H_2S,一旦泄漏对人危害更大。H_2S 是强烈的神经毒物,对黏膜有强烈的刺激作用。高浓度时可直接抑制呼吸中枢,引起迅速窒息而死亡。当浓度为 70～150mg/m³ 时,可引起眼结膜炎、鼻炎、咽炎、气管炎;浓度为 700mg/m³ 时,可引起急性支气管炎和肺炎;浓度为 1000mg/m³ 以上时,可引起呼吸麻痹,导致迅速窒息而死亡。长期接触低浓度的 H_2S,引起神衰症候群及自主神经紊乱等症状。

2. 工艺过程中危险有害因素

1）注、采气井生产过程的危险因素

由于所采物质具有易燃、易爆危险性。在设计,施工,运行和维修管理过程中,可能存在设计欠合理,施工质量问题、腐蚀、维修作业不按规章制度操作等因素,造成天然气泄漏,引发火灾、爆炸及人员伤亡事故。

2）管输工艺及设备设施危险、有害因素

该工程管线输送的介质为天然气,具有易燃、易爆危险性。在设计、施工、运行管理过程中,可能存在设计不合理、施工质量问题、腐蚀、疲劳等因素,可能造成阀门、仪器仪表、管线等设备设施及连接部位泄漏而引起火灾、爆炸事故。

3）厂站危险因素

（1）火灾、爆炸。工程可能发生火灾爆炸的主要设施和作业场所有:锅炉房、储罐区、装卸区、加热炉、分离器、甲醇储罐、注醇泵房、发电机房等,是可能导致火灾爆炸事故发生的重大危险源。

（2）物理爆炸。站内的分离器、水套炉以及压力管道均是带压容器,若由于生产失控或误操作等原因而造成超温超压,在泄压装置同时失效的情况下可能发生物理性爆炸。

（3）高处坠落。分离器、储罐等设备的顶部作业平台均在 2m 以上,岗位人员在平台上维修作业均为高处作业,如未设置平台和防护栏或平台、扶梯、栏杆等处有损伤、松动、打滑等,当操作者不慎,失去平衡时则有高处坠落的危险。

（4）机械伤害。该工程有很多机械类转动设备,如压缩机、机泵等,这些设备的旋转部件、传动件,若防护罩失效或残缺,人体接触易发生碾伤、挤伤等机械伤害的危险。

在承压设备处,如果设备上的零部件固定不牢或设备超压就可能发生物体飞出,造成人员伤害。

（5）高压气刺漏。集注站内的天然气在处理过程中,压力高达 30MPa 左右,管线在弯头和节流处由于腐蚀原因,存在高压气刺漏隐患。一旦发生刺漏,可能导致人员伤害,如果发现不及时会引起更大的危险事故。

（6）中毒和窒息。甲醇、H_2S、天然气均为有毒物质,在维检修是均有可能引起中毒和窒息。

（7）噪声危害。该工程的噪声源于厂内的机泵、发电机、压缩机、各类风机、锅炉、火炬、节流装置等,在运行过程中这些装置都将产生一定的噪声危害。

（8）电伤害。工程的配电装置、电力设备等电气设施,在带电状态下,若存在漏电、绝缘失效、保护接地系统失效等原因,人体一旦接触或接近,轻则导致电击或电伤,重则会造成死亡。

（9）烫伤危害。在加热炉炉膛口,发电机的排烟管、生活间的采暖炉、脱水橇的重沸器等高温部位,若人员不小心触及,有发生烫伤的危险。

（10）高温与低温危害。工程所在区域夏季地面极端最高气温达68.4℃,冬季地面极端最低气温为-37.1℃,给工作人员的正常工作带来一定影响。

3. 环境危险有害因素

1）自然环境

该工程所处环境夏季暑热,雨量增多,并多以暴雨出现,同时常有夏旱和伏旱。秋季多雨,降温迅速,早霜冻频繁。自然环境给装置造成以下危害:

（1）火炬、烟囱、电线杆等,由于自身的重心高,稳定性差,而基础又在沙漠中,狂风又可能使它倾倒,砸到周围设施。

（2）自控的流量、温度、压力、液位等一次仪表、变送器、仪表箱,可燃气体浓度报警的探头以及流量计、温度计、压力表、液位计等一些就地指示仪表,都处在露天环境下,都受到沙尘的危害,有可能使传输信号中断或接收信号不准确,失去对装置的监控能力。在生产运行过程中,为了防止自控的一次仪表、变送器、仪表箱和报警器的探头受到风沙袭击,可以包上,对于必须裸露的探头,要勤检查,清理其上的沙尘。

（3）对于冬季的低温天气,不仅使露天的管道和设备散失热量,而且有可能使介质冻结,堵塞工艺管道和仪表接管,造成装置不能正常运转。气田所处地区冬季气温较低,地面最低气温为-37.1℃,对设备的防冻、防凝工作带来不利因素。同时,该区冰冻期较长,最大冻土深度为146cm,对埋地输气管道的防冻带来一定影响。

（4）对于露天装置,不保温的管线和设备都裸露在空气中,冬天的低温、干燥、风沙,夏天的酷热(地面极端最高气温达68.4℃),都加速了防腐漆的变质和脱落,钢铁暴露在外,很容易腐蚀。

（5）地震对管道、输送站场造成的危害有:

① 造成电力、通信系统中断、毁坏;

② 久性地土变形,如地表断裂、土壤液化、塌方等,引起管线断裂或严重变形,构筑物倒塌;

③ 地震波对长输管道产生拉伸、压缩作用,可能会破坏管线;

④ 地震产生的电磁场变化,干扰控制仪器、仪表正常工作。

（6）雷击。若站场设备、设施未按规定采取防雷、防静电保护措施,雷击将可能破坏井场建构筑物和设备设施以及造成人体电击伤害事故,并可能导致火灾爆炸事故的发生。

（7）工程地质灾害。滑坡、黄土滑塌及坍塌、河岸坍塌、湿陷性黄土、膨胀性岩土、固定沙丘、化学地质灾害洪水均对管道造成影响,导致管道泄漏。

2）社会环境危险有害因素

管道通过人类活动较频繁地区及穿越公路、河流时,发生第三者破坏的可能性较大。

(二)危险因素防范与治理措施

1. 设计中采用治理措施

1)站场危险因素防范与治理措施

(1)总图。

① 区域布置应根据天然气集输站场、相邻企业和设施的特点及火灾危险性,结合地形与风向等因素,合理布置。

② 天然气集输场站总平面布置,应根据其生产工艺特点、火灾危险性等级、功能要求,结合地形、风向等条件,经技术经济比较确定。

③ 天然气集输场站总平面布置应符合 GB 50183《石油天然气工程防火设计规范》和 SY/T 0048—2016《石油天然气工程总图设计规范》。

(2)工艺。

① 天然气集输系统总工艺流程,应根据天然气气质、气井产量、压力、温度和气田构造形态、驱动类型、井网布置、开采年限、逐年产量、产品方案及自然条件等因素,以提高气田开发的整体经济效益为目标,综合考虑确定。

② 在气田开发方案和井网布置的基础上,集输管网和站场应统一考虑综合规划分步实施,应做到既满足工艺技术要求又符合生产管理集中简化和方便生活。

③ 整个工艺过程在密闭状态下进行,正常生产时不会发生火灾、爆炸、硫化氢及甲醇中毒事件,装置区内有毒气体浓度将符合 GB 12348—2008《工业企业厂界环境噪声排放标准》的规定。

④ 甲醇污水管道、设备,储罐安装保证其严密性,甲醇产品贮罐,回流液贮槽防腐处理,在生产中严格管理,防止跑、滴、漏现象的发生。

⑤ 在气井井口设置高低压切断阀,集注站等重要场站设置 ESD 系统,保证在事故状态下可以切断气源。

⑥ 陕 224 气质组分中含硫化氢,在集注站内安装硫化氢监测系统,进行硫化氢监测,并配备固定式和携带式硫化氢监测仪;重点监测区应设置醒目的标志、硫化氢监测探头、报警器;硫化氢监测仪报警值设定:阈限值为 1 级报警值;安全临界浓度为 2 级报警值;危险临界浓度为 3 级报警值;硫化氢监测仪应定期校验,并进行检定。应对天然气处理装置的腐蚀进行监测和控制,对可能的硫化氢泄漏进行检测,制定硫化氢防护措施。

⑦ 高压、含硫化氢及二氧化碳的气井设有自动关井装置。

⑧ 天然气增压:a. 压缩机的各级进口设有凝液分离器或机械杂质过滤器。分离器应有排液、液位控制和高液位报警及放空等设施。b. 压缩机具有完好的启动及事故停车安全联锁并有可靠的防静电装置。c. 压缩机房设有可燃气体检测报警装置或超浓度紧急切断联锁装置。机房底部设计安装防爆型强制通风装置,门窗外开,并有足够的通风和泄压面积。d. 压缩机间电缆沟宜用砂砾填实,并与配电间的电缆沟严密隔开。e. 压缩机间气管线宜地上铺设,并设有进行定期检测厚度的检测点。f. 压缩机间应有醒目的安全警示标志和巡回检查点和检查卡。g. 新安装或检修投运压缩机系统装置前,应对机泵、管道、容器、装置进行系统氮气置换,置换合格后方可投运,正常运行中应采取可靠的防空气进入系统的措施。

⑨ 天然气脱水:a. 天然气原料气进脱水器之前应设置分离器。原料气进脱水器之前及天

然气容积式压缩机和泵的出口管线上,在截断阀前应设置安全阀。b. 天然气脱水装置中,气体应选用全启式安全阀,液体应选用微启式安全阀。安全阀弹簧应具有可靠的防腐蚀性能或必要的防腐保护措施。

⑩ 天然气脱硫及尾气处理:a. 酸性天然气应脱硫、脱水。对于距天然气处理厂较远的酸性天然气,管输产生游离水时应先脱水、后脱硫。b. 在天然气处理及输送过程中使用化学药剂时,应严格执行技术操作规程和措施要求,并落实防冻伤、防中毒和防化学伤害等措施。c. 设备、容器和管线与高温硫化氢、硫蒸气直接接触时,应有防止高温硫化氢腐蚀的措施;与二氧化硫接触时,应合理控制金属壁温。d. 脱硫溶液系统应设过滤器。进脱硫装置的原料气总管线和再生塔均应设安全阀。连接专门的泄压管线引入火炬放空燃烧。e. 液硫储罐最高液位之上应设置灭火蒸汽管。储罐四周应设防火堤和相应的消防设施。f. 含硫污水应预先进行汽提处理,混合含油污水应送入水处理装置进行处理。g. 在含硫容器内作业前,应进行有毒气体测试,并备有正压式空气呼吸器。h. 天然气和尾气凝液应全部回收。

(3)安全保护设施。

① 对存在超压可能的承压设备,应设置安全阀。

② 安全阀、调压阀、ESD 系统等安全保护设施及报警装置应完好,并应定期进行检测和调试。

③ 安全阀的定压应小于或等于承压设备、容器的设计压力。

④ 进出天然气站场的天然气管道应设置截断阀,进站截断阀的上游和出站截断阀的下游应设置泄压放空设施。

⑤ 每台压缩机组至少应设置下列安全保护:a. 进出口压力超限保护;b. 原动机转速超限保护;c. 启动气和燃料气限流超压保护;d. 振动及喘振超限保护;e. 润滑保护系统;f. 轴承位移超限保护;g. 干气密封系统超限保护;h. 机组温度保护。

⑥ 压缩机房的每一操作层及其高出地面 3m 以上的操作平台(不包括单独的发动机平台),应至少有两个安全出口通向地面。操作平台的任意点沿通道中心线与安全出口之间的最大距离不得大于 25m。安全出口和通往安全地带的通道,应保持畅通。

(4)自动控制系统安全。

① 站控及监控系统:a. 集输场站应设置站控系统,对站内的工艺参数进行数据采集和处理;b. 天然气处理厂应设 1 套监控系统,完成整个生产过程的监控、连锁保护及紧急停车、火气监测。监控系统由 PCS 控制站(过程控制、连锁保护)、FGS 控制站(火气监测)和 ESD(紧急停车)共同组成,数据上传至调度中心。将该区域内的所有生产数据,均传送至中心控制室,实现生产过程的实时监控,区域火灾、可燃气体浓度检测及截断阀紧急切断等。

② 紧急停车系统:集输场站设紧急停车系统,在进出站管线、重要设备进出口设置 ECD 关断阀,并在控制室和现场设手动紧急切断按钮,当发生重大异常情况时,按照全厂紧急停车程序关断相关阀门。在干线来气总管上和重要装置的放空口设置电动放空旋塞阀,实现远程手动遥控放空或按照全厂紧急停车程序进行放空。

③ 火气系统:在可能发生可燃气体泄漏的工艺装置区附近,设置的可燃气体探测器,实时监视可燃气体泄漏情况。

站控系统采集各可燃气体检测探测器传来的信号,建立动态数据库。当有报警信号时,能准确地切换到相应画面,显示出报警部位、报警性质等,具有语音及图像提示功能。

④ 视频监控系统:在处理厂、集气站内压缩机房、分离器区等关键岗位设工业电视监控系统,设备均采用防爆型,达到随时监控,消防联动等作用。该装置日常作为管理监控手段,事故状态下辅助上级指挥同时协助查明事故原因。

(5)通信。

① 用于调控中心与站控系统之间的数据传输通道、通信接口应采用两种通信介质,双通道互为备用运行。

② 站场与调控中心应设立专用的调度电话。

③ 调度电话应与社会常用的服务、救援电话系统联网。

(6)防雷、防静电。

① 站场内建(构)筑物的防雷,应在调查地理、地质、土壤、气象、环境等条件和雷电活动规律及被保护物特点的基础上,制订防雷措施。

② 装置内露天布置的塔、容器等,当顶板厚度等于或大于 4mm 时,可不设避雷针保护,但应设防雷接地。

③ 设备应按规定进行接地,接地电阻应符合要求并定期检测。

④ 工艺管网、设备、自动控制仪表系统应按标准安装防雷、防静电接地设施,并定期进行检查和检测。防雷接地装置接地电阻不应大于 10Ω,仅做防感应雷接地时,接地电阻不应大于 30Ω。每组专设的防静电接地装置的接地电阻不应大于 100Ω。

(7)消防站和消防系统。

① 消防设施的设置应根据其规模、油品性质、存储方式、储存温度、火灾危险性及所在区域外部协作条件等综合因素确定。

根据《中华人民共和国消防法》和国家四部委联合下发的《企业事业单位专职消防队组织条例》关于"生产、存储易燃易爆危险物品的大型企业,火灾危险性较大,距离当地公安消防队较远的其他大型企业,应设专职消防队,承担本单位的火灾扑救工作",同时按照《石油天然气工程设计防火规范》相关要求,天然气集输系统应根据实际情况设置三级消防站,负责中央处理厂及气田区域的消防戒备任务。

依据《石油天然气工程设计防火规范》第 8.1.2 条规定,其他场站不设置消防给水设施,仅配置一定数量的小型移动式干粉灭火器。

② 消防系统投运前应经当地消防主管部门验收合格。

③ 站场内建(构)筑物应配置灭火器,其配置类型和数量应符合建筑灭火器配置的相关规定。

④ 易燃、易爆场所应按规定设置可燃气体检测报警装置,并定期检定。

2)集输管道危险因素防范与治理措施

(1)管道选线安全原则。

① 管道路由的选择,应结合沿线城市、村镇、工矿企业、交通、电力、水利等建设的现状与规划,以及沿线地区的地形、地貌、地质、水文、气象、地震等自然条件,并考虑到施工和日后管道管理维护的方便,确定线路走向。

② 管道不应通过城市水源地、飞机场、军事设施、车站、码头。因条件限制无法避开时,应

采取保护措施并经国家有关部门批准。

③ 管道应避开军事区。

④ 管道选择黄土湿陷等级较弱处通过。

⑤ 管道避开滑坡、崩塌、泥石流、冲沟及发育等不良地质区

⑥ 优先考虑宽阔的河谷、顺直的梁、面积较大的源线路。

（2）管道工艺设计安全措施。

① 集输管道设计应考虑近期与远期的各种极端工况、调峰工况、事故工况和保安供气工况等，合理确定管道的管径和运行参数，以增大管道的适应性。

② 集输管道原则上仅为下游用户承担季节调峰。

③ 管道安全保护系统动作先后顺序宜为：自动切换、超压紧急切断、超压安全泄放。

④ 压气站的布局和位置应结合气田总体工艺综合对比后确定。

⑤ 管段的最大允许工作压力应取决于以下各项的最低值：a. 管段最薄弱环节部件的设计压力；b. 根据人口密集和土地用途确定设计压力等级；c. 根据管道的运行时间和腐蚀状况确定最大安全压力。

⑥ 埋地管道与地面建（构）筑物的最小间距应符合 GB 50251—2015《输气管道工程设计规范》和 GB 50253—2014《输油管道工程设计规范》规定。

⑦ 埋地管道与其他管道平行敷设时，其安全间距不宜小于 10m；特殊地带达不到要求的，应采取相应的保护措施，且应保持两管道间有足够的维修、抢修间距；交叉时，二者净空间距应不小于 0.5m，且后建工程应从先建工程下方穿过。

⑧ 埋地管道与高压输电线平行或交叉敷设时，其安全间距应符合 GB 50061—2010《66kV 及以下架空电力线路设计规范》和 GB 50253—2014《输油管道工程设计规范》规定；与高压输电线铁塔避雷接地体安全距离不应小于 20m。因条件限制无法满足要求时，应对管道采取相应的防雷保护措施，且防雷保护措施不应影响管道的阴极保护效果和管道的维修；与高压输电线交叉敷设时，距输电线 20m 范围内不应设置阀室及可能发生油气泄漏的装置。

⑨ 埋地管道与通信电缆平行敷设时，其安全间距不宜小于 10m；特殊地带达不到要求的，应采取相应的保护措施；交叉时，二者净空间距应不小于 0.5m，且后建工程应从先建工程下方穿过。

⑩ 管道沿线应设置里程桩、转角桩、标志桩。里程桩宜设置在管道的整数里程处，每公里一个，且与阴极保护测试桩合用。管道采用地上敷设时，应在人员活动较多和易遭车辆、外来物撞击的地段，采取保护措施并设置明显的警示标志。

（3）管道防腐绝缘与阴极保护。

① 埋地管道应采取防腐绝缘与阴极保护措施。

② 应定期检测管道防腐绝缘与阴极保护情况，及时修补损坏的防腐层，调整阴极保护参数。

③ 管道需要加保温层时，在钢管的表面应涂敷良好的防腐绝缘层。在保温层外应有良好的防水层。

④ 裸露或架空的管道应有良好的防腐绝缘层。带保温层的，应有良好的防水措施。

⑤ 管道应避开有地下杂散电流干扰大的区域。电气化铁路与输油气管道平行时，应保持

一定距离。管道因地下杂散电流干扰阴极保护时,应采取排流措施。

⑥ 管道阴极保护电位达不到规定要求的,经检测确认防腐层发生老化时,应及时安排防腐层大修。

⑦ 站场的进出站两端管道,应采取防雷击感应电流的措施。防雷击接地措施不应影响管道阴极保护效果。

⑧ 大型跨越管段有接地时,穿跨越两端应采取绝缘措施。

(4)管道监控与通信。

① 天然气生产的重要工艺参数及状态,应连续监测和记录;大型管道宜设置计算机监控与数据采集(SCADA)系统,对输气工艺过程、设备及确保安全生产的压力、温度、流量、液位等参数设置联锁保护和声光报警功能。

② 安全检测仪表和调节回路仪表信号应单独设置。

③ SCADA 系统配置应采用双机热备用运行方式,网络采用冗余配置,且在一方出现故障时应能自动进行切换。

④ 重要场站的站控系统应采取安全可靠的冗余配置。

(5)辅助系统。

① SCADA 系统以及重要的仪表检测控制回路应采用不间断电源供电。

② 在下列情况下应加装电涌防护器:a. 室内重要电子设备总电源的输入侧;b. 室内通信电缆、模拟量仪表信号传输线的输入侧;c. 重要或贵重测量仪表信号线的输入侧。

2. 投产安全控制措施

投产过程中,可能出现泄漏或爆炸,使天然气大量外泄等事故。故必须制订可行的天然气置换空气的方案和一旦发生事故所采取的处理措施,投产指挥和操作人员都必须严格执行投产方案中各项安全措施。由于参加投产工作的部门多,人员多,必须加强组织领导,合理分工,密切协作,做好各项准备工作,抓好安全教育,落实安全措施,才能保证投产试运顺利进行。

(1)试运投产前,对所有参加人员进行有针对性的安全教育和技术交底:

① 要求参加投产工作的职工做到熟悉各项安全生产制度、岗位安全操作规程,熟悉常见事故处理方法,掌握消防灭火器材的使用方法,对参加投产的操作人员要进行详细的技术交底、进行投产操作演练,做到岗位明确,职责清楚。

② 向周边民众做好宣传,投产期间要求人、畜、车辆不能在管道、站场附近停留。

(2)试运投产期间,严禁无关人员进入工艺场站;现场操作人员应穿防静电工作服并佩戴标志。

(3)严禁在场站及警戒区内吸烟,不得将火种带入现场。

(4)除工程车外,其余车辆不准进入场站和警戒区内;工程车辆必须加戴防火帽。

(5)临时排放口应远离交通线和居民点,距离不少于300m。

(6)中压和高压放空立管处应设立直径为300m的警戒区。

(7)试运投产前,配齐消防器材、防爆工器具及各类安全警示牌,投入使用各可燃气体报警器。

(8)试运投产前应进行一次全面检查,检查项目为:

① 试运投产组织和人员配备。

② 试运投产用各类物资及装备。

③ 试运投产的临时工程及补充措施。

④ 场站、线路各类设备、阀门、仪表状态等符合试运投产方案要求。

⑤ 电气、仪表、自动化、通信系统调试情况。

(9) 进入阀室前应有防窒息、防爆炸措施,并至少有两人同时在场。

(10) 投产前的全线清管、干燥作业,应对管道的变形及通过能力做出总体评价。

在通球、置换及严密性试验的升压过程中,无关人员不得进入管道两侧 50m 以内,没有下达检查命令时,工作人员不得在管道上停留。投产领导小组下达检查命令后,各岗位人员应对站内及管道进行检漏,发现问题应及时报告、处理。在操作时应注意:

① 通球置换进行时,打开收发球筒的快开盲板之前,必须关闭与之相连的阀门,才准打开放空阀卸压,待球筒内气压为零时,才打开盲板。

② 装取清管球时,要用不产生火花的有色金属工具,防止摩擦产生火花。

③ 收发球筒加压前,要检查防松楔块及防松螺栓是否拧紧,加压及打开盲板时,操作人员不准站在盲板的前面及悬臂范围内。

(11) 应编制试运投产事故预案。

3. 运行安全控制措施

1) 安全管理制度

(1) 场站的进口处,应设置明显的安全警示牌及进站须知。对进入站场的外来人员应进行安全注意事项及逃生路线等应急知识的教育培训。

(2) 在天然气集输、处理等场站易燃易爆区域内进行作业时,应使用防爆工具,并穿戴防静电服和不带铁掌的工鞋,禁止使用手机等非防爆通信工具。

(3) 机动车进入生产区,排气管应带阻火器。

(4) 天然气集输、处理等场站生产区不应使用汽油、轻质油、苯类溶剂等擦地面、设备和衣物。

(5) 天然气集输、处理等场站生产现场应做到无油污、无杂草、无易燃易爆物,生产设施做到不漏油、不漏气、不漏电、不漏火。

(6) 在天然气管道中心两侧 5m 范围内,严禁取土、挖塘、修渠、修建养殖水场、排放腐蚀性物质、堆放大宗物质、采石、建温室、垒家畜棚圈、修筑其他建构物或种植深根植物。在天然气管道中心两侧或管道设施场区外各 50m 范围内,严禁爆破、开山和修建大型建构筑物。

(7) 天然气放空时,应在统一指挥下进行,放空时应有专人监护。

(8) 应配备专业技术人员对天然气集输设备、管道的系统进行日常维护等。

2) 动火作业的安全管理

天然气集输系统维修动火,大部分都是在生产运行过程中进行的,相应的危险性也较大。有的虽然经过放空,但有的管段较长,很难达到理想的条件,因此,凡在集输管道和工艺站场动火,都必须按照规定程序和审批权限,办理动火手续。

动火施工时,必须经过动火负责人检查确认无安全问题,待措施落实,办好动火票后,方可动火。要做到"三不动火",即没有批准动火票不动火;防火措施不落实不动火;防火监护人不到现场不动火。动火过程中应随时注意环境变化,发现异常情况时要立即停止动火。

（1）动火现场安全要求。

① 动火现场不许有可燃气体泄漏。

② 坑内、室内动火作业前,可燃气体浓度必须经仪器检测,浓度应达到小于爆炸下限的25%才能动火。否则应采取强制通风措施,排除余气。

③ 动火现场5m以内应无易燃物。

④ 坑内作业应有出入坑梯,以便于紧急撤离。

⑤ 动火后应检查现场,确认无火种后,才能离开。

（2）更换输气管段的安全要求。

① 排放管内天然气时,应先点火,后放空。若管道地形起伏,从多处放空口排放时,处于低洼处的放空管将先于高处放完。为了保证管内留有一定余压,在放空口火焰降至大约1m高时,关闭放空阀门。

② 切割隔离球孔宜采用机械开孔。当采用气割时,须事先准备好消防器材,切割完后立即用石棉布盖住孔口并灭火。若管内有凝析油,应先用手提式电钻在管线上钻一个小孔,用软管插入孔内向管内注入氮气后,再切割隔离球孔。切割过程中应不断充氮。向隔离球中充入的气体必须是惰性气体(常用氮气或二氧化碳),严禁使用氧气或其他可燃性气体。

③ 割开的管段内沉积有黑色的硫化铁时,应用水清洗干净,防止其自燃。

④ 管段焊完恢复输气时,应首先置换管内空气。若有硫化铁存在,可在清管球前推入一段水或惰性气体,将自燃的硫化铁熄灭,防止混合气爆炸。

（3）集输场站内管线维修的安全要求。

集输场站内设备集中、管线复杂、人员较多,除了遵守上述维修安全要求外,维护人员应熟悉站内流程及地下管线分布情况,熟悉所维修设备的结构、维修方法。还应注意:

① 对动火管段必须截断气源,放空管内余气,用氮气置换或用蒸气吹扫管线。该段与气源相连通的阀门应设置"禁止开阀"的标志并派专人看守。对边生产边检修的场站,应严格检查相连部位有否串漏气现象,或加隔板隔断有气部分,经验测确认无漏气时才能动火。

② 管道组焊或修口动火前,必须先做"打火试验",防止"打炮"伤人。

③ 站内或站场四周放空时,站内不得动火;站内施工动火过程中,不得在站内或站场四周放空。动火期间,要保持系统压力平稳,避免安全阀起跳。

3）管线清管安全管理

（1）通球操作安全注意事项。

① 打开收、发球筒的快速盲板之前,必须关闭与之相连的阀门后,才准打开放空阀泄压。待球筒内气压降至零,确信不带压后,才能打开盲板。

② 清管球装入球筒时,要用不产生火花的有色金属工具将球推至球筒连接的大小头处。以防止无压差发球失误。关上快速盲板后要及时装好防松楔块。球筒加压前要检查防松楔块及防松螺栓是否已上紧。

③ 加压及打开盲板时,操作人员不准站在盲板前面及盲板的悬臂架周围,防止高压气流冲出或盲板飞出伤人。

④ 通球操作开启阀门要缓慢平稳,进气量要稳定,待发球筒充压建立起压差后,再开发球阀。球速不要太快。特别是通球与置换管内空气同时进行时,球速不应超过5m/s。

⑤ 从收球筒取出清管球时,应先关闭进筒阀,打开放空阀、排污阀卸压,确信收球筒不带压时,再打开快速盲板。快速盲板打开后用可燃气体检测仪进行检测,确认空气中天然气含量在爆炸低限以下时,才能取出清管球。取球时应慢慢拉出,防止摩擦产生火花。

(2)放空排污的安全。

① 放空排污的操作应平稳,放空排污阀不能猛开猛关,要控制排放天然气的流速在5m/s以内,避免污水喷至排污池外。若排空天然气含量大于其爆炸上限,放空的天然气应点火烧掉。

② 若预测到管内排出的污水中有凝析轻烃,必须将含油污水用管线密闭输送至钢质储罐内。罐体及管线应可靠接地。严禁敞开排放含油污水,避免轻烃流窜、挥发而发生火灾。

③ 管道清管时,应截断支线的阀门,避免干线中的杂物、积液排入支线。待清管球通过后,再打开支线截断阀。输气干线上的截断阀应全开,以利于清管球通过。不允许半开或节流,以防止清管球猛烈撞击阀板造成阀门损坏发生事故。

④ 运行中的输气管道在清管前应认真分析管内沉积物的种类、数量,制订相应的安全措施。例如:管内凝析的轻烃较多时,根据液态烃数量及管线压力分布情况及末段管线的分离器和油罐的接收能力确定排污方法。清管器将积液推到管线末段后,在低压段的管内挥发,气流将其携带至末站,在分离器集中,密闭输至油罐,按液烃进行储存和运输。

⑤ 清管器运行故障处理应注意,当清管球被卡时,常常采用增大进气量,提高球前后的压差来推球解卡。进气升压应缓慢进行,防止上游管段超压或因突然解堵后,由于球速过快引起管线、设备振动而造成破坏。

二、环境保护

(一)污染源和污染物

1. 大气污染源和污染物

1)施工阶段

施工阶段的大气污染源主要有管道、道路和站场建设施工扬尘;器材堆放、开挖、运输活动、场地侵蚀和搅拌水泥;施工机械驱动设备(如柴油机等)排放的废气以及运输车辆尾气。主要污染物有 NO_x,C_mH_n,CO 及颗粒物。

2)运行阶段

运行阶段的污染源主要有集注站放空火炬、采暖设备、燃气动力设备、燃气压缩机组以及站场备用发电机组等排放的废气;井口、输气管道和集注站在天然气集输过程挥发排放的烃类气体;清管收球作业、分离器检修时,少量天然气通过火炬放空系统燃烧排放的废气、站内系统超压放空燃烧产生的废气等。天然气组分不同排放的污染物也不同,一般情况下站场所排放废气中主要污染物为 SO_2,CO 和 NO_x,其次为 C_mH_n。

2. 水污染源和污染物

1)施工阶段

施工阶段的水污染源主要为施工人员的生活污水及管道试压后排放的清洁废水。管道试压一般采用清洁水,试压后排放水中的污染物主要是悬浮物,生活污水的主要污染物指标是生化需氧量(BOD)、化学需氧量(COD)和固体悬浮物浓度(SS)等。

2)运行阶段

运行阶段水污染源包括集注站生产生活排放的污水,各站场的水污染源主要有清洗设备、场地排放的生产废水;气田采出水,即伴随天然气采出的地层水以及天然气在脱硫、脱氢、脱水等预处理过程中产生的生产污水;工艺装置及罐区不定期排放的少量含油、含氢污水以及不定期检修排放的检修污水;冬季采出气分离脱水产生的甲醇污水;职工正常生活排放的生活污水。

生产污水、废水主要污染物指标为油类含量、醇类含量、COD 和 SS 等;生活污水的主要污染物指标是 BOD,COD 和 SS 等。

3. 噪声污染源

1)施工阶段

施工作业过程中,要使用各种工程机械平整场地、开挖管沟,需要运输车辆运送材料,在岩石地段还需要采用炸药进行爆破等,由于这些施工机械、车辆的使用以及人员的活动会产生噪声,对附近居民的生活产生一定的影响,同时会惊扰附近的野生动物。

2)运行阶段

运行阶段的噪声源主要来自集注站站内的汇管、调压阀、节流装置、分离器和火炬放空系统,这些装置在节流或流速改变时将产生空气动力噪声;站内压缩机房、燃气发电机组、冷却风机、低温分离装置、空压站、各种机泵等均会发出不同强度的机械噪声或电磁噪声。

4. 固体废物

1)施工阶段

施工过程中的固体废物主要来源于场站施工、管道敷设等废弃的焊条、建筑材料、保温材料、防腐材料和工人日常生活排放的生活垃圾等。

2)运行阶段

运行阶段的固体废物主要有以下几方面:

(1)站场油、气、水处理装置定期清理的污泥、油泥、渣料。

(2)分离器检修(除尘)、清管收球作业时产生的废渣,主要成分为粉尘和氧化铁粉末。

(3)站场产生的生活垃圾及生活污水处理装置排出的污泥。

(二)环境保护措施

1. 大气污染防治措施

大气污染防治的具体措施如下:

(1)采用密闭不停气清管流程,减少天然气放空。

(2)施工时采用塑料编织布对料堆进行覆盖,工地应实施半封闭隔离施工,如防尘隔声板护围,以减轻施工扬尘对周围空气的影响。

(3)对于清管作业及站场超压、事故排放的天然气,采用引高火炬燃烧排放,以降低有害物质排放量,利于污染物的扩散。

(4)线路截断阀室设放空装置,以备事故状态下有组织放空管段内余气,利于污染物的扩散,降低因火灾、爆炸引发次生环境灾害的危险。

(5)燃料气系统均利用天然气为燃料,以减少污染物排放。

(6)天然气中 H_2S 通过脱硫装置被脱除,并在硫黄回收装置转化为硫黄,尾气经尾气处理装置进一步处理后进焚烧炉焚烧后通过烟囱排入大气。

2. 水污染防治措施与水资源的保护

1)施工期水资源的保护

施工期对水环境的影响主要是对地下水的影响,污染源主要是施工设备的泄漏、洗刷及垃圾的丢弃,不当排放会污染周边地区的地下水环境。但由于施工期较短,且废水排放量比较小,因此,施工期水环境保护应以环境管理为主,采取以下几方面措施:

(1)施工过程中,尽量选择先进的设备、机械,以有效减少跑、冒、滴、漏的数量及机械维修次数,从而减少含油污水的产生量;机械、设备及运输车辆的冲洗、维修、保养应尽量集中于固定的维修点,以方便含油废水的收集,加强施工机械维护,防止施工机械漏油。

(2)施工人员的就餐和洗涤采用统一集中式的管理,白天在外施工,早晚集中食宿,尽量减少生活污水量,在施工区设置旱厕,施工营地附近设化粪池和蒸发池,将粪便和餐饮洗涤污水分别收集并定期清理,粪便等经消化后作为肥料使用,洗涤污水收集在蒸发池中蒸发;生活垃圾应装入垃圾桶并定时清运;施工结束后,化粪池应用土填埋并恢复植被。

(3)含有害物质的建筑材料,如沥青、水泥等应设篷盖和围栏,防止雨水冲刷后渗入地下水中,对地下水造成不良的影响。

(4)管道敷设及穿越作业过程产生的废弃土石方应在指定地点堆放,并应设篷盖和围栏,防止雨水冲刷造成不良的影响。

(5)工程施工期间,加强对施工人员的管理,包括进行环境保护教育,以培养施工人员的环境保护意识,并在施工活动时注意保护环境。

(6)施工结束后,应运走废弃物和多余的方土,保持原有地表高度,以保护地下水生态系统的完整性。

2)运行期水污染防治措施

(1)气井在生产过程中,基本无污水污油产生,建成后的井场为无人站,不产生生活污水,场地少量冲洗废水就地散排,少量散排的废水将严格执行 GB 8978—1996《污水综合排放标准》的有关要求。

(2)集注站等运行过程中产生的污水包括正常生产污水、检修污水和生活污水。运行过程中产生的污水根据站场分布情况分散或集中处置,生产污水处理达到相关标准后回用或回注地层;生活污水经过处理出水水质达到杂用水水质标准(GB/T 18920—2012《城市污水再生利用 城市杂用水水质》)后作为浇洒道路、绿化用水。

3. 噪声污染防治措施

(1)站场选址尽量远离居民区及其他对噪声敏感区域,以减轻站场施工及设备运行噪声对周围居民生活等造成的影响。

(2)对于压缩机组、发电机等大型设备,应选择低噪声设备,以降低声源声级。

(3)对于压缩机、发电机等强声源设备采用室内安装、减振基础,压缩机厂房通过采用吸声建筑材料及建筑门窗吸收并屏蔽部分噪声,使场区噪声、厂界噪声达到现行国家标准要求。

(4)站场工艺确定合理的管道流速,管道以直埋敷设为主,尽量减少弯头、三通等管件,在满足工艺的前提下,控制气流速度,降低气流噪声。

(5)在燃气轮机的进气口、排气口及天然气发电机机组排气口设置消声装置,机组设置隔声机罩,减少噪声以满足 GB 12348—2008《工业企业厂界环境噪声排放标准》的要求。

(6)站场周围栽种树木进行绿化,厂区内工艺装置周围、道路两旁种植花卉、树木。这样既可吸收部分噪声,又可吸收大气中一些有害气体,阻滞大气中颗粒物质扩散。

(7)对出入高噪声区的工作人员,采取佩戴防噪耳塞或耳罩等减轻噪声对工人健康造成的危害,安排好职工的劳动和休息。

(8)在总图布置上进行闹静分区,并保证噪声源与人员集聚的办公值班地点的防噪声距离,二者之间种植高低错落的绿化隔离带,并尽量将其布置在办公值班地点全年最小风向频率的上风向,使其对办公值班地点的噪声影响最小。合理布局,使各站场厂界噪声达到 GB 12348—2008《工业企业厂界环境噪声排放标准》中的Ⅱ类标准。

4. 固体废弃物处置措施

1)施工期固体废物污染防治措施

施工期产生的固体废物主要有生活垃圾和施工垃圾(废旧材料等),主要控制措施有:

(1)将生活垃圾分类存放,外运至当地环卫部门指定的垃圾场。

(2)站场建设存在取土场和土石方弃渣的问题,在设计阶段明确取土及弃土场所的具体地点和数量,必要时修建挡土墙和排水沟,防止水土流失。

(3)根据当地具体情况对施工场地超前做出规划,以确保停止使用即可采取措施恢复植被或作其他用途处置,最大限度地避免水土流失的发生。

(4)施工完成后,退场前承包商应清洁场地,包括移走所有不需要的设备和材料,清洁后的标准应不低于施工前的状态。施工产生的废物不得留存、埋置或抛弃在施工场地的任何地方,废物应运到工程选定并经有关部门批准的地方。

2)运行期固体废物污染防治措施

工程运行期的固体废物主要为职工的生活垃圾、清管维修时产生的少量凝液以及由污水产生的污泥。主要处理措施如下:

(1)生活垃圾分类集中收集,运送至当地生活垃圾处理厂处理。

(2)在天然气输送过程中产生及天然气处理厂内分离设备形成的凝液集中回收利用,设置凝液回收罐。

(3)生产污水产生的污泥脱水后,送至焚烧炉焚烧,炉渣运往指定地点进行安全填埋处理。

(4)生活污泥定期清淘,作为农用肥。

5. 绿化

为净化美化环境,工程建成后尽可能恢复绿化植被,在道路两侧、站场内外、生活基地等根据当地的气候特点,选择适宜的树种、草皮,因地制宜栽种防污染能力强,有较好净化空气能力,适应力强,不妨碍环境卫生的植物。站场绿化率应大于10%~20%,生活基地绿化率应大于25%~30%。消防道路与防火堤之间严禁栽种树木。

6. 生态保护措施

生态环境保护措施的重点在于避免、消减和补偿施工活动对生态环境的影响和破坏,以及施工结束后对生态环境的恢复。工程设计中应考虑采取一定的生态环境保护措施,例如合理选择站址、线路走向,尽可能避开或减少占用林木集中地段,减少占用耕地,缩小破土、毁林面积等,有助于从总体上减轻工程建设对沿线生态环境的影响。为了最大限度地减少对生态系统的破坏,需要采取以下保护措施。

1)自然生态保护与恢复措施

(1)为了减轻对生态环境的影响,针对不同区段的环境特点,尽可能避开沿线动植物自然保护区、林区,尽可能不占或少占良田、多年种植经济作物区和优质牧场,尽量避绕水域、沼泽地。

(2)为防止对水生生态环境的影响,在穿越河流时,尽量采用定向钻穿越的方式;在采用大开挖方式进行施工时,选择枯水期进行,且河床底面应砌干砌片石,两岸陡坡设浆砌块石护岸,以防止水土流失。

(3)对于临时占地和新开辟的临时便道等区域,竣工后要进行土地复垦和植被重建工作。具体要进行土地平整、耕翻疏松机械碾压后的土地,并在适当季节选择适合的乡土树种进行植树、种草工作。

(4)对于施工过程中破坏的乔木和灌丛,要制订补偿措施,损失多少必须补偿多少,原地补充或异地补充。

(5)在沙漠地区,施工之前应先剥去沙丘上至少半米厚的沙子及其中所有的根系与块茎,至少表面上30cm厚的土层应被视作表土。管沟填埋时,也应分层回填,即底土回填在下,表土回填在上,尽可能保持植物原有的生活环境。回填时,还应留足适宜的堆积层,防止因降水、径流造成地表下陷和水土流失。

(6)保护好沙地的建群种。沙地的建群种具有重要的甚至决定性的作用,建群种的衰败和破坏可能导致生态环境的剧烈恶化(如沙漠化),以致整个局域生态系统覆灭,生态系统过分依赖一种或少数几种植物支撑,其不稳定性是显而易见的。因此,在工程建设过程中,对于生长良好、大面积的建群种,不要轻易进行破坏。

(7)加强对施工人员生态环境保护意识的教育,严禁对周围林、灌木进行滥砍滥伐,尽可能使野生动物生存环境少受影响,教育施工人员按照我国野生动植物保护法的要求,保证不猎捕并保护野生动物。

(8)施工过程中,发现有野生动物的栖息地时,应尽量避开,不得干扰和破坏野生动物的栖息、活动场所。

(9)沙地植被恢复及防沙治沙措施。工程结束后,对所有主要的切割面要立即进行固定工作,根据生态恢复的经验,植被恢复应同时配以栅栏、草方格等工程措施,植被种植时间还应根据树种的生长季节和当地的气象条件进行合理选择。当工程结束时,恰逢雨季或播种季节,则应根据当地条件,立即种植适应当地环境的苗木或种子,随后再建草方格或沙障等进行固沙;若施工结束时为秋冬季,则首先应采用沙障等措施固沙,来年再种植苗木或种子。

2)施工道路沿线生态保护

(1)加强管理,强化施工人员的环保意识,严格限定施工行车路线,不随意开辟道路。

(2)施工结束后,对于临时占用的土地应及时采取措施,恢复植被。

（3）对于道路永久占地，应采用路旁建绿化带或异地恢复的措施，即另选择相同面积的土地进行植被的恢复工作，实施异地生态补偿，以弥补因道路施工造成的生态损失。

3）运行期生态保护与修复措施

（1）应加强各种防护工程的维护、保养与管理，并对不足部分不断加强与完善。

（2）加强对道路和集输管道沿线生态环境的监测与评估，及时发现隐患，提前采取防治措施。

（3）加强对职工及集输管道沿线居民的宣传教育，避免新种植被在恢复期间遭到破坏。

（4）完成管道敷设后，应在伴行道路两侧及管道所在地进行种植当地植被，实施以植被系统建设为核心的生态修复。

7. 文物保护措施

（1）在施工过程中如发现文物，应要求承包商立即中止施工，等待专业的考古部门研究鉴定，经文物主管部门同意后方可继续施工。

（2）要求施工单位接受有关文物古迹鉴别和保护基本知识以及施工中偶然发现文物古迹时处理程序的培训。

三、职业卫生

（一）生产工艺过程的危害因素

1. 化学因素

包括：天然气、硫化氢、一氧化碳、二氧化碳、甲醇、凝析油、氮气、化学药剂、固体废物等及生产性粉尘。

2. 物理因素

主要包括异常气象条件，如高温、高湿、低温等；异常气压，如高气压、低气压等；噪声、振动、非电离辐射、电离辐射。

3. 生物因素

生物性有害因素主要是生产原料和作业环境中存在的致病微生物和寄生虫。

4. 劳动过程的危害因素

主要指劳动组织和劳动作息安排上的不合理、职业心理紧张、生产定额不当或劳动强度过大、人员过度疲劳。

5. 生产环境中的危害因素

沙漠及沙化地环境特点为干旱、少雨，空气干燥、相对湿度小，昼夜温差大，沙漠热辐射强，属干热作业环境。

（二）职业危害因素防护措施

1. 工程防护要求

1）选址要求

（1）站址选择需依据我国现行的卫生、环境保护、城乡规划及土地利用等法规、标准和拟建工业企业建设项目生产过程的卫生特征、有害因素危害状况,结合建设地点的规划、水文、地质、气象等因素以及为保障和促进人群健康需要,进行综合分析而确定。

(2)应避免在自然疫源地选择建设地点。

(3)天然气站场宜布置在城镇和居住区的全年最小频率风向的上风侧。在山区、丘陵地区建设站场,宜避开窝风地段。

(4)严重产生有害气体、恶臭、粉尘、噪声且目前尚无有效控制技术的天然气站场,不得在居住区、学校、医院和其他人口密集的被保护区域内建设。

(5)存在排放工业废水情况的天然气站场严禁在饮用水源上游建站,固体废弃物堆放和填埋场必须避免在废弃物扬散、流失的场所以及饮用水源的近旁。

(6)天然气站场和居住区之间必须设置足够宽度的卫生防护距离,按工业企业卫生防护距离标准(GB 11654~GB 11666,GB 18053~GB 18083)及其他相关国家标准执行。

(7)天然气站场应选择在地势平缓、开阔,且避开山洪、滑坡、地震断裂带等不良工程地质地段。

2)平面布置要求

(1)气田生产区、生活区、住宅小区、生活饮用水源、工业废水和生活污水排放点、废渣堆放场和废水处理厂,以及各类卫生防护、辅助用室等工程用地,应根据工业企业的性质、规模、生产流程、交通运输、环境保护等要求,结合场地自然条件,经技术经济比较后合理布局。

(2)站场总平面的分区应按照厂前区内设置行政办公用房、生活福利用房;生产区内布置生产车间和辅助用房的原则处理,产生有害物质的工业企业,在生产区内除值班室、更衣室、盥洗室外,不得设置非生产用房。

(3)总平面布置图应包括总平面布置的建(构)筑物现状,拟建建筑物位置、道路、卫生防护、绿化等内容,必须满足职业卫生评价要求。

(4)站场总平面布置,在满足主体工程需要的前提下,应将污染危害严重的设施远离非污染设施,产生高噪声的车间与低噪声的车间分开,热加工车间与冷加工车间分开,产生粉尘的车间与产生毒物的车间分开,并在产生业危害的车间与其他车间及生活区之间设有一定的卫生防护绿化带。

(5)厂区总平面布置应做到功能分区明确。生产区宜选在大气污染物本底浓度低和扩散条件好的地段,布置在当地夏季最小频率风向的上风侧;散发有害物和产生有害因素的车间,应位于相邻车间全年最小频率风向的上风侧;厂前和生活区布置在当地最小频率风向的下风侧;将辅助生产区布置在二者之间。

(6)在布置产生剧毒物质、高温以及强放射性装置的车间时,同时考虑相应事故防范和应急、救援设施和设备的配套并留有应急通道。

(7)高温车间的纵轴应与当地夏季主导风向相垂直。当受条件限制时,其角度不得小于45°。

(8)能布置在车间外的高温热源,尽可能地布置在车间外当地夏季最小频率方向的上风侧,不能布置在车间外的高温热源和工业窑炉应布置在天窗下方或靠近车间下风侧的外墙侧窗附近。

3)生产工艺及设备布局要求

(1)对于产生粉尘、毒物的生产过程和设备,应尽量考虑采用机械化和自动化,加强密闭,避免直接操作,并应结合生产工艺采取通风措施;放散风尘的生产过程,应首先考虑采用湿式作业;有毒作业宜采用低毒原料代替高毒原料,因工艺要求必须使用高毒原料时,应强化通风排毒措施。

(2)对于产生粉尘、毒物的工作场所,其发生源的布置,应符合下列要求:放散不同有毒物质的生产过程布置在同一建筑物内时,毒性大与毒性小的应隔开;粉尘、毒物的发生源,应布置在工作地点的自然通风的下风侧;如布置在多层建筑物内时,放散有害气体的生产过程应布置在建筑物的上层;如必须布置在下层时,应采取有效措施防止污染上层的空气。

(3)厂房内的设备和管道必须采取有效的密封措施,防止物料跑、冒、滴、漏,杜绝无组织排放。

(4)噪声和振动的控制在发生源控制的基础上,对厂房的设计和设备的布局需采取噪声和减振措施。

(5)噪声较大的设备应尽量将噪声源与操作人员隔开;工艺允许远距离控制的,可设置隔声操作(控制)室。

(6)噪声与振动强度较大的生产设备应安装在单层厂房或多层厂房的底层;对振幅、功率大的设备应设计减振基础。

2. 防护措施

1)职业性中毒防护措施

(1)采用先进的生产工艺和生产设备,生产装置应密闭化、管道化,防止有毒物质泄漏、外逸。应采用现代化先进的控制系统,可使操作人员不接触或少接触有毒物质,防止由误操作造成的职业中毒事故。

(2)受技术条件限制,仍然存在有毒物质逸散且自然通风不能满足要求时,应设置必要的机械通风排毒、净化装置,使工作场所有毒物质浓度控制在职业卫生标准限制以下。

(3)在进入有限空间作业前,应进行空气置换,确信氧含量浓度符合要求时方可进入。

(4)工作人员应配备防护用品,如防毒器具、防化服、手套、呼吸器等。

(5)加强员工教育与培训,对可能产生毒物泄漏的工作场所,应悬挂安全警示标语,站内应配备急性中毒处理设备与设施,针对急性中毒危害应制订应急预案,并定期进行演练。

(6)定期对接触毒物作业的职工进行健康检查,将有中毒症状的劳动者及时调离工作岗位,使其脱离与毒物的接触,并及时予以治疗。如患有中枢神经系统疾病,明显的神经官能症,自主神经系统疾病,内分泌、呼吸系统疾病及眼结膜、眼角膜疾病患者,不易从事接触硫化氢的作业。

2)振动的预防措施

(1)控制振动源。应在设计、制造生产工具和机械时采用减振措施,使振动降低到对人体无害水平。

(2)创新工艺,采用减振和隔振等措施。如采用焊接等新工艺代替铆接工艺;工具的金属部件采用塑料或橡胶材料,减少撞击振动。

(3)限制作业时间和振动强度。

(4)改善作业环境,加强个体防护及健康监护。

3）电离辐射的预防措施

主要是控制辐射源的质和量。电离辐射的防护分为外照射防护和内照射防护。外照射防护的基本方法有时间防护、距离防护和屏蔽防护,通称"外防护三原则"。内照射防护的基本防护方法有围封隔离、除污保洁和个人防护等综合性防护措施。

4）高温作业的防护措施

（1）合理设计工艺流程。通过改进生产设备和操作方法改善高温作业劳动条件。

（2）采取有效的隔热措施。隔热是防止热辐射的重要措施,可利用隔热保温层进行防护。

（3）通风降温。

（4）供给饮料和补充营养。在高温环境下作业的工人应该补充与出汗量相等的水分和盐分,饮料的含盐量以0.15%~0.2%为宜,饮水方式以少量多次为宜;适当增加高热量饮食和蛋白质、维生素、钙等。

（5）合理安排工作时间,避开最高气温,轮换作业、缩短作业时间。

5）焊接作业的防护措施

（1）通过提高焊接机械化、自动化程度,使人与作业环境隔离,从根本上消除电焊作业对人体的危害;通过改进焊接工艺,减少封闭结构施工,对容器类设备采用单面焊,改善破口设计等,以改善焊工的作业条件,减少电焊烟尘污染;改进焊条材料,选择无毒或低毒的焊条,降低焊接毒性危害。

（2）改善作业场所的通风状况,在自然通风较差的场所、封闭或半封闭结构内焊接时,必须有机械通风措施。

（3）加强个人防护。焊接工人必须佩戴防护眼镜、面罩、口罩、手套、防护服、绝缘鞋等。

参 考 文 献

[1] 高发连. 地下储气库建设的发展趋势[J]. 油气储运,2005,24(6):15-18.

[2] 丁国生. 金坛盐穴地下储气库建库关键技术综述[J]. 天然气工业,2007,27(3):111-113.

[3] 王世艳. 地下储气库设计模式及配套技术[J]. 天然气,2006,26(10):131-132.

[4] 孟凡彬,等. 油气储库工程设计[M]. 东营:中国石油大学出版社,2010:30-120.

[5] 刘子兵,张文超,林亮,等. 长庆气区榆林气田南区地下储气库建设地面工艺[J]. 天然气工业,2010,30(28):76-78.

[6] 马小明,赵平起. 地下储气库设计实用技术[M]. 北京:石油工业出版社,2011.

[7] 周学深. 有效的天然气调峰储气技术——地下储气库[J]. 天然气工业,2013,33(10):95-99.

[8] 李世宣. 长庆低渗透气田地面工艺技术[M]. 北京:石油工业出版社,2015:66-106.

[9] 《天然气地面工程技术与管理》编委会. 天然气地面工程技术与管理[M]. 北京:石油工业出版社,2011.

[10] 王遇冬. 天然气处理原理与工艺[M]. 3版. 北京:中国石化出版社,2016.

第五章 建库期注采运行动态分析与动态监测

陕 224 储气库于 2015 年正式投运,通过不断优化注采运行制度,气库注采能力稳步提升。基于注采气量、地层压力等数据,分析气井渗流规律和储层连通状况,实施注采水平井二次改造提高气井产能。依据酸性气体含量测试数据,开展组分数值模拟研究,确定气库多周期运行过程中的酸性气体含量变化规律。系统分析不同注采周期气井控制面积和库区有效动用库容量,为备用井优化部署及后续扩容达产措施制订提供了依据[1]。

第一节 投 产 方 案

一、地质投产方案

与国内外已建储气库相比,长庆储气库评价建设区储层物性差且非均质性强,气井产能低,气藏中低含硫,气井注采能力及注采过程中酸性气体组分变化规律不明确,影响储气库注采井数、钻采工艺和地面工艺优化及投资决策。陕 224 储气库为鄂尔多斯盆地投运的首座储气库,主要围绕以下目的编制投产地质方案:评价水平井注采能力及井筒污染情况;分析酸性气体组分含量变化规律;评价库区储层物性及连通性;补充垫气量,尽快达到储气库设计下限压力;满足冬季调峰保供需求。

第一注采周期包括注气、秋季关井维护、采气及春季关井维护 4 个阶段。根据陕 224 储气库气藏开采阶段和储气库建设阶段的生产情况,评价储气库正式注气前(2015 年 5 月以前)库存量为 $2.45 \times 10^8 m^3$,需补充垫气量 $2.95 \times 10^8 m^3$。考虑补充垫气量以及评价气井产能和酸性气体组分变化规律等需要,设计第一运行周期多注气、少采气。根据地层压力变化和气井产能方程,设计注采气量见表 5-1-1。

表 5-1-1 气井注采能力设计表

井号	注气能力($10^4 m^3/d$)	采气能力($10^4 m^3/d$)
SCK-1H	60	12
SCK-2H	20	10
SCK-3H	50	12
SCK-8	—	7
SCK-11	—	9
SCK-S1	—	3
小计	130	53

(一)注气阶段

时间:2015 年 5 月 10 日至 2015 年 10 月 31 日,注气 175 天,日均注气量 $130 \times 10^4 m^3$,累计

注气 $2.275 \times 10^8 m^3$；预测注气结束后，陕 224 库区平均地层压力由 7.2MPa 上升至 12.8MPa。

设计注气初期 2015 年 5 月 10 日至 2015 年 6 月 10 日，SCK－1H 井和 SCK－3H 井注气，SCK－2H 井关井监测井口压力变化，以评价井间储层连通性。自 2015 年 6 月 11 日开始，3 口水平井均开井注气。

同时，为了评价注气井与库区内老井之间气体传播速度，注气阶段库区 3 口老井（SCK－11 井、SCK－S1 井、SCK－8 井）关井，下压力计连续监测井底压力变化。

设计井口最大注入压力 28MPa。

（二）秋季关井维护阶段

时间：2015 年 11 月 1 日至 2015 年 11 月 15 日，共计 15 天。

设计注气结束关井后对 3 口水平井开展压降试井，评价外围储层物性特征。同时，为评价库容量，秋季关井阶段最后一天测试 3 口老井地层压力。

（三）采气阶段

时间：2015 年 11 月 16 日至 2016 年 3 月 15 日，共计 120 天，预计累计采气量 $6360 \times 10^4 m^3$。

设计在生产阶段进行修正等时试井评价水平井产能，同时对采出流体进行检测，为分析酸性气体采出规律和判断地层水型提供依据。为评价库区气井采气能力，设计在采气初期、末期分别对每口气井进行流压测试。

（四）春季关井维护阶段

时间：2016 年 3 月 16 日至 2016 年 4 月 15 日，共计 30 天。
设计对库区 6 口气井进行压恢试井，评价注采后储层物性的变化情况。

二、地面投产方案

（一）投产范围及投产顺序

陕 224 储气库第一周期投产生产按照先注气、后采气的原则。投产作业先公用辅助单元，后生产运行装置的顺序进行（图 5－1－1）。

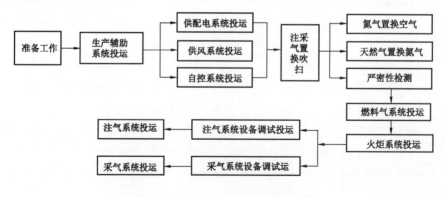

图 5－1－1 陕 224 储气库投产顺序

(二)公用系统投运

1. 供配电系统投运

现场操作人员对设备进行绝缘测试、直流电阻测试,结果合格;接地系统电阻值测试符合规范要求。

2. 自控仪表系统投运

按照控制系统、通信系统、仪表系统等顺序依次开展调试、投运。

3. 供风系统投运

对空压机、干燥器、制氮橇块单机调试确保运行正常。完成全站各单元净化风管线、氮气设备管线吹扫、试压合格。系统流程依次导通空气、氮气投运(图5-1-2)。

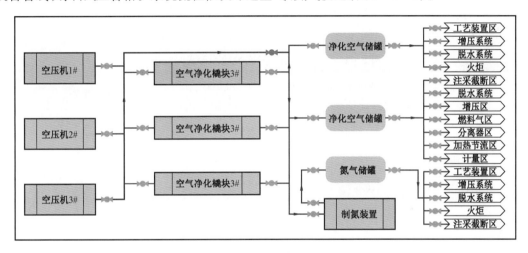

图5-1-2　供风系统投运流程图

(三)注气系统投运

注气系统投产前要确认系统设备管线吹扫试压合格、自控仪表系统联校完成,然后按照图5-1-3所示投运程序开展投运。

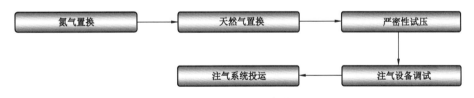

图5-1-3　注气系统投运程序

1. 氮气置换

按生产流程对全部设备设施、管网进行氮气置换空气,氮气置换要求:在取压旋塞阀处进行检测,由近及远、依次检测,测得氧含量小于2%为置换合格。

2. 天然气置换氮气

采用天然气置换氮气,利用靖边末站干气作为置换气源。置换时系统压力控制在0.3MPa

以内,置换速度不超过5m/s。将置换气体排放至火炬放空系统,分别在各设备压力表旋塞阀、导压管处检测甲烷含量,测得甲烷含量大于85%为合格(图5-1-4)。

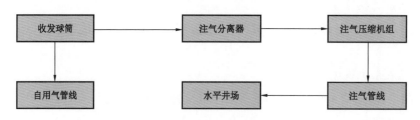

图5-1-4 天然气置换氮气顺序(注气系统)

3. 注气系统严密性试压

按建压等级(表5-1-2)对注气系统进行升压,在各个压力等级,采用发泡剂对系统内的法兰或螺纹连接处、放空阀、排污阀及阀门填料进行仔细巡回检查,无泄漏为合格。

表5-1-2 注气系统严密性检测等级明细表

试压管线	升压速度 (MPa/min)	设计压力 (MPa)	工作压力 (MPa)	试压等级
收发球筒至注气压缩机组	<0.3	10	4.5	2MPa,4MPa,4.5MPa
压缩机出口至各注采井注气管线	<0.3	34	30	2MPa,5MPa,10MPa;按工作压力递增,每0.5MPa检测一次
自用气系统	<0.3	2.5	0.5	0.2MPa,0.4MPa,0.5MPa

4. 注气设备调试

对注气压缩机组进行调试。首先,进行压缩机无负荷测试,运行正常后负荷测试运行,压力由低到高(最大出口压力为28MPa)依次加载,每个压力等级需全面检查系统的严密性,泄漏点大时必须停机整改,直至压缩机组调试生产正常。

5. 注气系统投运

打开注采井注气流程开始注气生产。

(四)采气系统投运

采气系统投产前要确认系统设备管线吹扫试压合格、自控仪表系统联校完成,然后按照图5-1-5所示的投运程序开展投运。

图5-1-5 采气系统投运程序

1. 氮气置换

按生产流程对全部设备设施、管网进行氮气置换空气,氮气置换要求:在取压旋塞阀处进行检测,由近及远、依次检测,测得氧含量<2%为置换合格。

2. 天然气置换氮气

采用天然气置换氮气,利用靖边末站干气作为置换气源。置换时系统压力控制在 0.3MPa 以内,置换速度不超过 5m/s。将置换气体排放至火炬放空系统,分别在各设备压力表旋塞阀、导压管处检测甲烷含量,测得甲烷含量大于 85% 为合格,合格后关闭置换流程(图 5 - 1 - 6)。

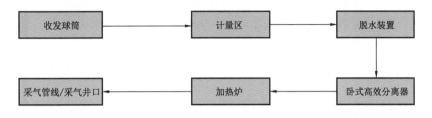

图 5 - 1 - 6 天然气置换氮气顺序(采气系统)

3. 采气系统严密性试压

按建压等级(表 5 - 1 - 3)用 SCK - 1H 井气源对采气系统进行升压,在各个压力等级,采用发泡剂对系统内的法兰或螺纹连接处、放空阀、排污阀及阀门填料进行仔细巡回检查,无泄漏为合格。

表 5 - 1 - 3 采气系统严密性检测等级明细表

试压管线	设计压力(MPa)	工作压力(MPa)	试压等级
水平井至加热炉节流阀前管线	12	10	2MPa,5MPa,SCK - 1H 井口压力
集注站内采气系统管线	6.3	5.6	2MPa,4MPa,5.6MPa

4. 采气设备调试

对脱水装置进行调试。首先,对脱水装置进行新鲜水洗,新鲜水循环 24h 后,系统内无油污、铁锈,水的浊度稳定,新鲜水洗合格后退液。再进行装置碱洗,碱洗合格后用新鲜水进行清洗,以系统中水的 pH 值接近 7 并且浊度、碱度基本不变化时为合格。最后进行填料安装,完成 TEG 系统建液投运。

5. 采气系统投运

打开注采井采气流程开始采气生产。

第二节 建库期注采运行动态分析

一、多周期注采动态分析

(一)注采简况

陕 224 储气库于 2015 年 6 月 6 日正式投注,由于库存量小于方案设计垫底气量,建库期采用多注少采,不断提高垫气量的模式运行。

第一周期累计注气 $1.3827 \times 10^8 m^3$，日均注气 $94.7 \times 10^4 m^3$；累计采气 $0.849 \times 10^8 m^3$，日均采气 $74.5 \times 10^4 m^3$（图 5 - 2 - 1）。虽然第一注气周期地层压力比较低（注气前地层压力约 7.2MPa），但是随着气体的注入，井口注气压力很快就达到了 25MPa 以上，反映了受陕 224 储气库整体低渗透、低丰度、强非均质性的影响，气体渗流阻力较大。在第一注气周期的前 133 天，只有 SCK - 1H 井和 SCK - 3H 井开井注气，日注气量稳定在 $90 \times 10^4 m^3$ 左右；随着 SCK - 2H 井的重复改造完成投注后，气库日注气能快速升至约 $200 \times 10^4 m^3$，井口注气压力 21 ~ 22MPa，反映了 SCK - 2H 井具备较强的吸气能力。

第二周期累计注气 $3.116 \times 10^8 m^3$，日均注气 $179.4 \times 10^4 m^3$；累计采气 $0.651 \times 10^8 m^3$，日均采气 $73.5 \times 10^4 m^3$，见图 5 - 2 - 1。在注气阶段的前 40 天气库基本保持约 $250 \times 10^4 m^3 / d$ 的注入量，但是随着井口注气压力达到 27MPa 后，3 口注气水平井井间干扰明显，注气量均呈现快速下降的趋势。具体单井注采参数见表 5 - 2 - 1。

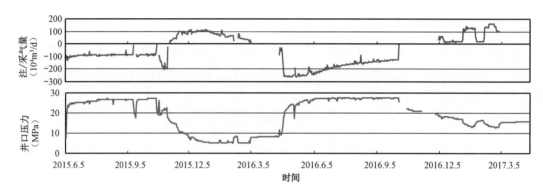

图 5 - 2 - 1 陕 224 储气库注采运行动态曲线

表 5 - 2 - 1 陕 224 储气库气井注采参数表

井号	运行周期	注气阶段				采气阶段		
		压力区间（MPa）	注气天数（d）	累计注气量（$10^8 m^3$）	日均注气量（$10^4 m^3$）	采气天数（d）	累计采气量（$10^8 m^3$）	日均采气量（$10^4 m^3$）
SCK - 1H	第一周期	19.12 ~ 27.24	143	0.5184	36.3	104	0.073	7.0
	第二周期	9.0 ~ 27.6	174	0.569	32.7	76	0.13	17.5
SCK - 2H	第一周期	14.79 ~ 21.99	13	0.1502	115.5	104	0.331	31.8
	第二周期	8.6 ~ 27.6	174	2.02	116.0	42	0.165	39.4
SCK - 3H	第一周期	10.15 ~ 27.20	146	0.7141	48.9	103	0.11	10.6
	第二周期	9.0 ~ 27.6	174	0.528	30.3	61	0.173	28.3
SCK - S1	第一周期	5.3 ~ 11.12	—	—	—	113	0.085	7.6
	第二周期	7.5 ~ 19.4	—	—	—	39	0.07	18.1
SCK - 8	第一周期	6.0 ~ 10.0	—	—	—	114	0.128	11.2
	第二周期	8.8 ~ 16.0	—	—	—	20	0.04	19.9
SCK - 11	第一周期	5.6 ~ 7.8	—	—	—	114	0.123	10.8
	第二周期	7.65 ~ 16.4	—	—	—	35	0.073	20.7
气库整体	第一周期	10.99 ~ 19.46	146	1.3827	94.7	114	0.849	74.5
	第二周期	8.53 ~ 22.40	174	3.116	179.4	89	0.651	73.5

(二)单位压力变化注采气量分析

陕 224 储气库第一周期累计注气量 $1.38 \times 10^8 \mathrm{m}^3$,评价单位压升注气量 $1712 \times 10^4 \mathrm{m}^3/\mathrm{MPa}$;累计采气量 $0.85 \times 10^8 \mathrm{m}^3$,评价单位压降采气量 $1551 \times 10^4 \mathrm{m}^3/\mathrm{MPa}$。第二周期累计注气量 $3.12 \times 10^8 \mathrm{m}^3$,评价单位压升注气量 $2186 \times 10^4 \mathrm{m}^3/\mathrm{MPa}$;累计采气量 $0.65 \times 10^8 \mathrm{m}^3$,评价单位压降采气量 $1484 \times 10^4 \mathrm{m}^3/\mathrm{MPa}$。具体评价参数见表 5-2-2。

随着 SCK-2H 井投注,陕 224 储气库单位压升注气量由第一周期的 $1712 \times 10^4 \mathrm{m}^3/\mathrm{MPa}$ 增加到第二周期的 $2186 \times 10^4 \mathrm{m}^3/\mathrm{MPa}$,扩容特征明显。

表 5-2-2 陕 224 储气库注采气运行表

周期	阶段注气量 ($10^8\mathrm{m}^3$)	阶段累计采气量 ($10^8\mathrm{m}^3$)	注前压力 (MPa)	采前压力 (MPa)	采后平衡压力 (MPa)	单位压升注气量 ($10^4\mathrm{m}^3$/MPa)	单位压降采气量 ($10^4\mathrm{m}^3$/MPa)
1	1.38	0.85	7.60	15.66	10.18	1712	1551
2	3.12	0.65	10.18	24.45	20.07	2186	1484

(三)酸性气体变化规律分析

1. 动态监测简况

随着下载商品气的注入和采气周期的增加,采出气体中 H_2S 组分含量较原始气藏($553.9\mathrm{mg}/\mathrm{m}^3$)明显降低。第一周期采/注比为 61%,$H_2S$ 含量后期上升;第二周期采/注比为 21%,H_2S 含量整体保持较低水平。位于库区中部位置的 3 口注采水平井 H_2S 含量明显低于 3 口老井,反映了注入气体对原库存酸气存在驱替作用。如图 5-2-2 和图 5-2-3 所示。

第一采气周期,由于整体注入商品气较少,随着采气量的增加,H_2S 含量上升趋势明显。水平井初期 H_2S 含量保持在 $14 \sim 91\mathrm{mg}/\mathrm{m}^3$,当采出气量达到注入气量的 46% 时,快速上升至 $20 \sim 150\mathrm{mg}/\mathrm{m}^3$。老井 H_2S 含量稳步提高,初期为 $50 \sim 435\mathrm{mg}/\mathrm{m}^3$,末期为 $223 \sim 732\mathrm{mg}/\mathrm{m}^3$,远高于水平井 H_2S 含量。

第二采气周期,水平井及老井 H_2S 含量较第一周期下降,并且基本保持稳定,表明随着注入气量的增加,酸气组分含量高的原库存气被逐步驱替到气藏的边部,开井采气期内采出的多为注入干净气体。水平井 H_2S 含量保持在 $17 \sim 38\mathrm{mg}/\mathrm{m}^3$,老井 H_2S 含量保持在 $23 \sim 67\mathrm{mg}/\mathrm{m}^3$。

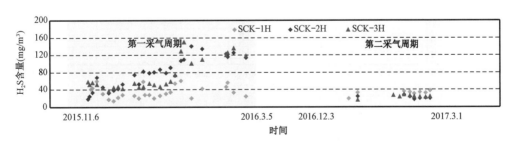

图 5-2-2 三口注采水平井硫化氢含量变化图

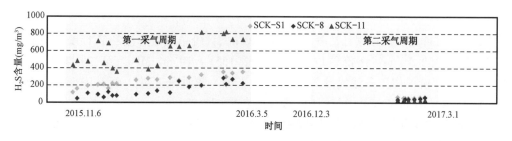

图 5－2－3 三口老井硫化氢含量变化图

2. 数值模拟预测

储气库注采运行过程中硫化氢气体组分含量变化规律,国内外目前未见相关研究报道。本文以 H_2S 和 CO_2 作为拟组分,建立酸性气藏储气库组分数值模拟模型,国内外首次开展了气库不同采出程度、不同工作制度及运行方式条件下,多周期注采过程中 H_2S 含量变化规律研究。

陕 224 储气库地质建模采用 Petrel 地质建模软件,充分利用区内钻井、地质、测井解释等资料,采用确定性建模方式,建立库区构造模型;在此基础上建立几何模型并优化网格尺寸与方向,最后以测井解释成果为依据,建立孔隙度、渗透率、含气饱和度及净毛比等属性模型。选用 E300 模拟器,采用组分模型,建立数值模拟网格模型。平面网格步长 100m×100m,垂向网格为 8 层,网格总数 37296 个。通过开展 3 口水平井、3 口老井两个注采周期的历史拟合工作,初步预测了陕 224 储气库注采运行过程中采出气体的 H_2S 含量变化规律。

同一采气周期内,随着气体采出, H_2S 含量逐渐升高;随着注采周期的增加, H_2S 含量整体降低。在第一个注采周期后 H_2S 含量显著下降(降幅 48.8%),第 9 个注采周期,注采全过程 H_2S 含量在安全范围 $20mg/m^3$ (摩尔分数 0.000013)以内(图 5－2－4)。各采气期末 H_2S 含量值呈幂指数规律下降。随着注采周期数增加,库区中部逐渐以干净气体为主,酸性含量高的气体逐渐驱替到库区的边部(图 5－2－5)。

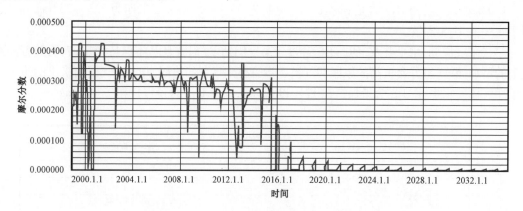

图 5－2－4 陕 224 储气库采出 H_2S 预测图

随着注采周期数增加,采气期 H_2S 含量逐渐降低,第 3 个注采周期的采气初期,有一段时间为采出 H_2S 含量低于 $20mg/m^3$ 的安全生产时间;且随着周期数增加,安全生产时间逐渐延长(图 5－2－6)。

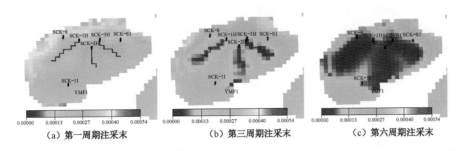

（a）第一周期注采末   （b）第三周期注采末   （c）第六周期注采末

图 5 - 2 - 5   陕 224 储气库 H_2S 含量（摩尔分数）平面分布预测图

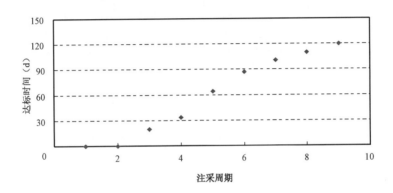

图 5 - 2 - 6   不同采气周期安全生产天数变化图

（四）储层特征再认识

陕 224 储气库评价设计阶段认为库区内部马五$_{1+2}$储层发育完整，储层整体连通性较好。随着注采水平井的完钻和动态监测资料的丰富，进一步深化了对该区储层地质认识，认为陕 224 储气库库区内部储层整体连通性好，但存在局部致密带，表现出径向复合特征。

1. 库区储层整体连通

第一周期 SCK - 1H 井和 SCK - 3H 井开始注气后，3 口老井压力恢复速率增大，注气前后井口套压增加 3.2 ~ 4.6MPa（图 5 - 2 - 7），井底流压监测显示 94 ~ 244h 见到明显井间干扰。第二周期注气前后井口油压增加 7.2 ~ 10.6MPa（图 5 - 2 - 8），地层压力增加 9.7 ~ 13.9MPa，井间干扰明显。

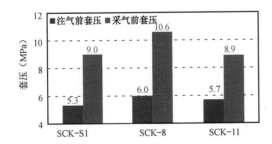

图 5 - 2 - 7   第一周期注气前后井口压力变化图

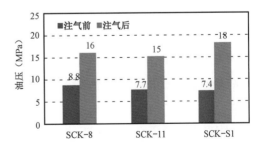

图 5 - 2 - 8   第二周期注气前后井口压力变化图

第二周期注气期末3口注采水平井油压明显高于老井(图5-2-9),经过56天关井平衡后,6口气井油压基本处于同一水平线(图5-2-10);同样,第二周期采气期末3口水平井油压明显高于直井(图5-2-11),关井平衡30天后,6口井油压便基本处于同一水平线(图5-2-12)。以上分析表明,陕224储气库整体连通性较好。

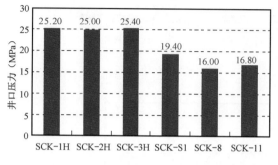

图5-2-9 第二周期注气末井口油压柱状图

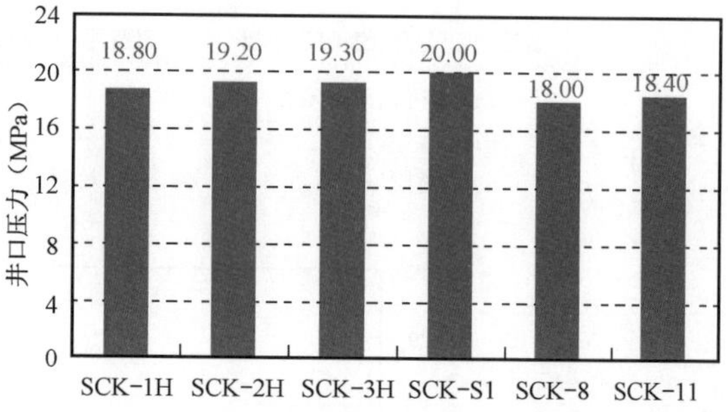

图5-2-10 第二周期采气前井口油压柱状图

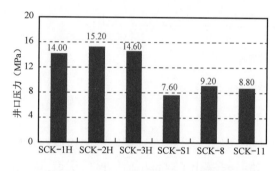

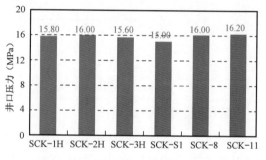

图5-2-11 第二周期采气末井口油压柱状图

图5-2-12 目前井口油压柱状图

2. SCK-2H井底附近存在局部低渗储层

SCK-2H井一次改造试气测试地层压力24.6MPa,明显高于区块邻井地层压力,且压力恢复试井解释渗透率仅0.44mD,远低于邻井。第一周期SCK-1H井和SCK-3H井注气期间,SCK-2H井关井,井口压力基本平稳,未见明显干扰,分析认为SCK-2H井水平段附近存在局部低渗透带。

SCK-2H二次改造后地层压力明显下降,由24.6MPa降至14.6MPa,试井解释储层渗透率由0.44mD提高到28.6mD,有效水平段长度由107m增加到747m,有效沟通了外部高渗透储层,解除了全井段井底伤害。

3. 储层表现出径向复合特征

第二注采周期结束后,气库库存量$5.45 \times 10^8 m^3$,根据气田开发阶段建立的气藏压降曲线推测气库平均地层压力15.4MPa,但6口井实测井底压力20.07MPa,气藏复合地层特征明显(外区渗透性变差)。因此,在储气库短期强注强采的运行条件下,库区地层压力无法整体平衡,注气阶段库区中部相对高渗透区宜憋压。

二、气井注采气能力评价

(一)单周期注采气能力评价

陕224储气库已经完成两个周期的注采运行,采用第二章第三节介绍的气井注采能力评价方法,以第二个周期结束后气井注采能力评价为例开展分析[2]。

1. 产能方程建立

由于6口井均未开展过多点产能试井,因此综合参考试气及生产两方面资料建立了气井近似产能方程,见表5-2-3,评价气井的吸入和产出能力[3,4]。

表5-2-3 陕224储气库气井产能方程系数评价结果表

井号	地层压力(MPa)	井底流压(MPa)	产量(10⁴m³/d)	层流系数 A	紊流系数 B
SCK-1H	23.9	21.1	23.0	3.092	0.111
SCK-2H	9.7	26.3	143.5	1.295	0.026
	25.9	21.5	50.6		
SCK-3H	28.0	26.6	25.5	2.329	0.084
SCK-S1	31.80	28.30	23.8	4.170	0.200
SCK-8	30.40	28.40	17.2	4.390	0.150
SCK-11	29.00	27.90	19.7	2.230	0.040

2. 注采气能力评价

根据3口注采水平井的产能方程[5,6],绘制注入吸收曲线,评价不同地层压力条件下的注入能力,结果见表5-2-4。第三轮注采前,评价SCK-1H井地层压力为20.28MPa,预测地层压力升至30MPa,日注气能力34.4×10⁴~69.5×10⁴m³/d,平均51.9×10⁴m³/d;SCK-2H井地层压力20.03MPa,预测地层压力升至30MPa,日注气能力71.2×10⁴~140.8×10⁴m³/d,平均106.0×10⁴m³/d;SCK-3H井地层压力19.89MPa,预测地层压力升至30MPa,日注气能力40.8×10⁴~81.2×10⁴m³/d,平均61.0×10⁴m³/d。

表5-2-4 注采水平井不同地层压力条件下最大注气能力评价结果表

地层压力(MPa)	井口压力28MPa条件下日注入气量(10⁴m³/d)		
	SCK-1H	SCK-2H	SCK-3H
5	87.18	175.91	101.69
10	83.87	169.36	97.89
15	78.10	157.90	91.25
20	69.35	140.55	81.18
25	56.50	115.08	66.38
30	36.51	75.38	43.28

根据6口井的产能方程,绘制流入流出曲线,评价不同地层压力条件下的最大采气能力(井口最低压力6.4MPa,最大生产压差10MPa),结果见表5-2-5和表5-2-6。评价井口压力6.4MPa~18MPa范围内,注采水平井冲蚀流量103.4×10⁴~176.1×10⁴m³/d,老井冲蚀流量27.0×10⁴~46.0×10⁴m³/d。评价井底流压9~21MPa条件下,注采水平井临界携液流量为19×10⁴~31×10⁴m³/d,老井临界携液流量为5×10⁴~8×10⁴m³/d。

表5-2-5 注采水平井不同地层压力条件下最大采气能力评价结果表

地层压力 (MPa)	SCK-1H			SCK-2H			SCK-3H		
	井底流压 (MPa)	生产压差 (MPa)	日产气量 (10⁴m³/d)	井底流压 (MPa)	生产压差 (MPa)	日产气量 (10⁴m³/d)	井底流压 (MPa)	生产压差 (MPa)	日产气量 (10⁴m³/d)
10	8.1	1.9	8.5	8.1	1.9	18.7	8.1	1.9	10.6
13	8.2	4.8	19.5	8.2	4.8	41.2	8.3	4.7	23.6
16	8.3	7.7	29.5	8.5	7.5	61.8	8.6	7.4	35.2
19	9.0	10.0	38.2	9.0	10.0	80.4	9.0	10.0	45.5
22	12.0	10.0	43.1	12.0	10.0	92.1	12.0	10.0	51.2
25	15.0	10.0	47.7	15.0	10.0	101.6	15.0	10.0	56.5
28	18.0	10.0	51.9	18.0	10.0	110.4	18.0	10.0	61.4
30	20.0	10.0	54.6	20.0	10.0	116.0	20.0	10.0	64.5

表5-2-6 老井不同地层压力条件下最大采气能力评价结果表

地层压力 (MPa)	SCK-S1			SCK-8			SCK-11		
	井底流压 (MPa)	生产压差 (MPa)	日产气量 (10⁴m³/d)	井底流压 (MPa)	生产压差 (MPa)	日产气量 (10⁴m³/d)	井底流压 (MPa)	生产压差 (MPa)	日产气量 (10⁴m³/d)
10	8.3	1.7	5.7	8.3	1.7	5.8	8.7	1.3	9.2
13	9.2	3.8	12.6	9.3	3.7	13.0	10.5	2.5	19.3
16	10.4	5.6	18.7	10.6	5.4	19.6	12.7	3.3	28.1
19	11.8	7.2	24.5	12.1	6.9	25.9	15.0	4.0	36.6
22	13.2	8.8	30.2	13.8	8.2	32.0	17.4	4.6	44.9
25	15.0	10.0	35.5	15.5	9.5	38.2	19.8	5.2	53.2
28	18.0	10.0	38.6	18.0	10.0	42.6	22.3	5.7	61.4
30	20.0	10.0	40.6	20.0	10.0	44.9	23.9	6.1	66.9

(二)多周期气井注采气能力变化

储气库3口注采水平井水平段钻完井周期长、压力系数低、钻井液密度大,导致储层伤害严重。为保证气库封闭性,初次改造时采用小规模连续油管酸洗工艺。然而试井解释结果显示SCK-1H井和SCK-3H井平均有效水平段长度为900m,而SCK-2H井只有107m,3口注采水平井污染严重,改造效果差。储层连通性研究表明,陕224储气库整体连通、库区中部区域物性较好,三口注采水平井产能应大于直井,水平井产能低应是受井底伤害和局部改造影响。因此为解放气井产能,提出实施水平井重复改造。

2015 年 9—10 月,SCK – 2H 井采用改进的长水平段连续油管喷射酸化工艺对储层进行重复改造试气。产能试井结果显示原始地层压力条件下无阻流量提高了 6 倍。2016 年 10—11 月,SCK – 1H 井和 SCK – 3H 井也开展了重复改造试气。产能试井结果显示原始地层压力条件下无阻流量提高了 2 ~ 3 倍。

另外,多个周期的循环注采也使储层伤害得到一定解除。综合重复改造和生产等因素,储气库注采能力得到不断提高,多周期气井注采能力对比结果见表 5 – 2 – 7 和表 5 – 2 – 8。

表 5 – 2 – 7　多周期注气能力对比表　　　　　　　　　　　单位:$10^4\mathrm{m}^3/\mathrm{d}$

井号	15MPa(下限压力)			30.4MPa(上限压力)		
	第一周期	第二周期	第三周期	第一周期	第二周期	第三周期
SCK – 1H	41	46	78	22	24	37
SCK – 2H	130	148	158	61	71	75
SCK – 3H	56	63	91	29	30	43
井均	76	86	109	37	42	52
求和	227	257	327	112	126	155

如图 5 – 2 – 13 和图 5 – 2 – 14 所示,当气库平均压力为上限压力(30.4MPa)时,储气库注气能力逐步由第一周期的 $112 \times 10^4\mathrm{m}^3/\mathrm{d}$ 上升为 $155 \times 10^4\mathrm{m}^3/\mathrm{d}$,井均注气能力由 $37 \times 10^4\mathrm{m}^3/\mathrm{d}$ 上升为 $52 \times 10^4\mathrm{m}^3/\mathrm{d}$。当气库平均压力为下限压力(15MPa)时,储气库注气能力逐步由第一周期的 $227 \times 10^4\mathrm{m}^3/\mathrm{d}$ 上升为 $327 \times 10^4\mathrm{m}^3/\mathrm{d}$,井均注气能力由 $76 \times 10^4\mathrm{m}^3/\mathrm{d}$ 上升为 $109 \times 10^4\mathrm{m}^3/\mathrm{d}$。

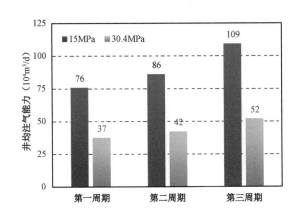

图 5 – 2 – 13　多周期井均注气能力评价

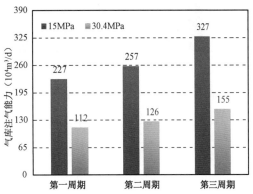

图 5 – 2 – 14　多周期气库注气能力评价

表 5 – 2 – 8　多周期采气能力对比表　　　　　　　　　　　单位:$10^4\mathrm{m}^3/\mathrm{d}$

井号	15MPa(下限压力)			30.4MPa(上限压力)		
	第一周期	第二周期	第三周期	第一周期	第二周期	第三周期
SCK – 1H	14	17	26	29	32	55
SCK – 2H	55	59	61	117	132	141

井号	15MPa（下限压力）			30.4MPa（上限压力）		
	第一周期	第二周期	第三周期	第一周期	第二周期	第三周期
SCK – 3H	20	21	31	42	45	65
SCK – S1	17	18	18	39	40	40
SCK – 8	17	17	18	45	45	46
SCK – 11	25	25	26	55	55	55
井均	25	26	30	55	58	67
求和	148	157	181	327	349	402

如图 5 – 2 – 15 和图 5 – 2 – 16 所示，当气库平均压力为下限压力（15MPa）时，储气库采气能力逐步由第一周期的 $148 \times 10^4 \mathrm{m}^3/\mathrm{d}$ 上升为 $181 \times 10^4 \mathrm{m}^3/\mathrm{d}$，井均采气能力由 $25 \times 10^4 \mathrm{m}^3/\mathrm{d}$ 上升为 $30 \times 10^4 \mathrm{m}^3/\mathrm{d}$。当气库平均压力为上限压力（30.4MPa）时，储气库采气能力逐步由第一周期的 $327 \times 10^4 \mathrm{m}^3/\mathrm{d}$ 上升为 $402 \times 10^4 \mathrm{m}^3/\mathrm{d}$，井均采气能力由 $55 \times 10^4 \mathrm{m}^3/\mathrm{d}$ 上升为 $67 \times 10^4 \mathrm{m}^3/\mathrm{d}$。

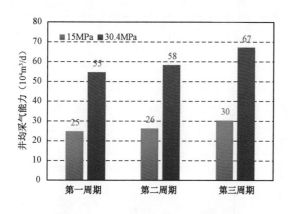

图 5 – 2 – 15 多周期井均采气能力评价　　　　图 5 – 2 – 16 多周期气库采气能力评价

（三）影响气井产能主控因素分析

根据第一周期气井注采能力评价结果，SCK – 2H 井通过二次改造基本达到了方案的设计指标，SCK – 1H 井和 SCK – 3H 井达不到方案设计。从表 5 – 2 – 9 钻完井参数对比分析，3 口注采水平井钻遇储层都比较成功，SCK – 1H 井和 SCK – 3H 井的储层并不差于 SCK – 2H 井，但试气结果明显较差，分析主要是钻完井过程中的井底伤害未有效解除。从表 5 – 2 – 10 可以看出，3 口井水平段钻完井周期长、压力系数低、钻井液密度大，导致储层伤害严重。同时，为保证气库封闭性，SCK – 1H 井和 SCK – 3H 井采用小规模连续油管酸洗工艺，改造效果较差，试井解释两口井的有效水平段长度大于 SCK – 2H 井，但两口井表皮系数分别为 6.59 和 7.75，井底伤害未得到有效解除。

表 5 – 2 – 9 陕 224 储气库注采水平井钻完井参数统计表

序号	井号	水平段长度（m）	白云岩储层长度（m）	白云岩钻遇率（%）	有效储层长度（m）	有效储层录井资料 平均气测（%）	平均 GR（API）	有效储层钻遇率（%）	试气地层压力 MPa	无阻流量（10⁴m³/d）	备注
1	SCK – H1	1652	1494	90.4	1106	1.4456	44.1	66.9	11.90	7.5	
2	SCK – H2	1177	1115	94.7	894	5.76	44.6	76	24.67	9.2	
									14.59	54.8	继续改造
3	SCK – H3	1500	1366	91.1	933	3.0528	63	62.2	9.53	9.3	
平均		1443	1325	91.8	977.7			67.8			

SCK – 2H 二次改造后，试井解释储层渗透率和有效水平段长度明显增大，试气无阻流量由 $9.2 \times 10^4 m^3/d$ 提高到 $54.8 \times 10^4 m^3/d$，继续改造有效沟通了外部高渗透储层，解除了全井段井底伤害。因此，储层伤害是影响气井产能的主要因素。对比 SCK – 2H 井两次改造的效果，其他两口水平井的注采能力应该还有较大的提升空间。

表 5 – 2 – 10 陕 224 储气库注采水平井钻井及试气参数统计表

井号	四开时间	试气时间	四开到试气时间(d)	水平段钻井液密度	水平段（m）	改造段（m）	布酸泵压（MPa）	入地酸量（m³）	试气静压（MPa）	试气无阻流量（10⁴m³/d）	折算原始地层压力条件下无阻流量（10⁴m³/d）	试气地层压力系数
SCK – H		2013.3.3	2013.8.26	173		3677～5329 1652	3675～4713 1038	6.0～24.0	272	11.90	7.50	21.60	0.34
SCK – H 一次改造	2014.9.22	2014.12.20	88	1.5	3710～4887 1177	3710～3951 241	5.0～30.0	47	24.67	9.20	19.32	0.70
SCK – H 继续改造		2015.10.5				3710～4877 1167	14.6～28.8	413	14.59	54.80	126.20	0.39
SCK – H3	2014.3.21	2014.6.30	99		3715～5215 1500	3786.9～5205.9 1419	2.4～6.1	224.6	9.53	9.30	35.32	0.28

三、多周期库存诊断分析

（一）库容参数复核

根据陕 224 储气库整体压降曲线，确定储气库库容量 $10.4 \times 10^8 m^3$。2015 年 6 月 6 日正式注气前，库区整体关井测试地层压力 7.2MPa（库存量 $2.45 \times 10^8 m^3$），气库 6 口气井在气库正式运行前，已累计产出气体 $8.04 \times 10^8 m^3$，进一步说明库容量评价结果落实。

根据各注采阶段注采气量和压力数据，利用式（5 – 2 – 1）至式（5 – 2 – 3）的数学模型计算陕 224 储气库的可动库容量，评价第一周期气库可动库容量 $6.22 \times 10^8 m^3$，第二周期气库可动库容量 $7.59 \times 10^8 m^3$。

可动库存量模型:

$$G_{rm(i-1)} = \frac{(-1)^i Q_{(i)}}{(p/Z)_{i-1} - (p/Z)_i}(p/Z)_{i-1} \qquad (5-2-1)$$

式中　G_{rm}——可动库存量,$10^8 m^3$;

　　　p——地层压力,MPa;

　　　Q——注/采气量,$10^8 m^3$;

　　　Z——压缩因子,无量纲;

　　　上、下标 i——注采周期数。

可动孔隙体积模型:

$$V_{mi} = \frac{p_{sc} T_{(i-1)}}{T_{sc}} \cdot \frac{G_{rm(i-1)}}{(p/Z)_{(i-1)}} \qquad (5-2-2)$$

式中　V_m——可动孔隙体积,$10^8 m^3$;

　　　T——温度,℃。

可动库容量模型:

$$G_{rmmax(i)} = \frac{p_{max}}{Z_{max}} \frac{T_{sc}}{T_{(i)}} \frac{1}{p_{sc}} V_{m(i)} \qquad (5-2-3)$$

根据可动库容量评价结果,第一周期气库可动库容量为静态库容量的59.8%,第二周期气库可动库容量为静态库容量的73.0%。第二周期可动库容量较第一周期提高了 $1.37 \times 10^8 m^3$,为静态库容量的13.2%。由于陕224储气库为无边底水的定容弹性驱动气藏,经过两个注采周期后,实际动用库容量仅为静态库容量的73%;并且在第二注气周期注气50天后,注气压力稳定在最大注气压力,气库的注气量逐渐降低,这都反映了气库的非均值性。虽然库区整体连通,但靠近库区边部的区域储层渗透率相对较低,在储气库这种快进快出的运行方式下,周边的储层孔隙空间得不到有效动用。

(二)库存分析

库存量的定义是某一时间点时,气库内存储的气体在地面标准状态下的体积。对于无边底水的定容弹性驱动气藏,其计算方法为建库前剩余气地质储量减去采气周期累计采气量,加注气周期的注气量[如式(5-2-4)]:

库存量:

$$G_{r(i)} = G_{r(0)} - \sum_{i=1}^{n} Q_{p(i)} + \sum_{i=1}^{n} Q_{in(i)} \qquad (5-2-4)$$

式中　G_r——库存量,$10^8 m^3$;

　　　$G_{r(0)}$——原始库存量,$10^8 m^3$;

　　　Q_p——产出气量,$10^8 m^3$;

　　　Q_{in}——注入气量,$10^8 m^3$。

建库前剩余地质储量:

$$G_{r(0)} = G - G_p \tag{5-2-5}$$

式中 G——气藏地质储量，$10^8 m^3$；

G_p——建库前累计采出量，$10^8 m^3$。

陕 224 储气库 $10.4 \times 10^8 m^3$ 静态库容量是落实的，2015 年正式投注前库存气量 $2.45 \times 10^8 m^3$，经过 2015—2016 注采周期库存气量 $2.99 \times 10^8 m^3$，经过 2016—2017 注采周期库存气量 $5.45 \times 10^8 m^3$，库存气量略高于垫底气量 $5.4 \times 10^8 m^3$。2017 年注气前，按照气藏压降曲线推测整个库区平均地层压力 15.4MPa（图 5-2-17），但实测地层压力 20.07MPa。反映了受储层非均质性的影响，在短期注采运行条件下现有井网控制程度不够，库容未全部有效动用；库区中部有效动用区存在一定憋压现象。

图 5-2-17 陕 224 储气库库存量与对应地层压力图

根据两个注采周期的库存量及地层压力变化特征，结合大港库群的扩容特征，预测陕 224 储气库在现有井网条件下后期扩容潜力有限，需要通过补充注采井的方式进一步提高库容的控制程度。

结合不同注采阶段地层压力的监测结果，绘制了库存量与对应视地层压力图，如图 5-2-18

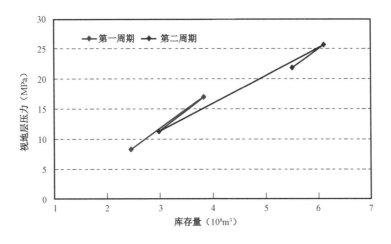

图 5-2-18 陕 224 储气库库存量与对应视地层压力图

所示。由于陕 224 储气库储层低渗透、非均质性强,边界形状复杂,达容需要较多的注采周期。在注采早期阶段宜采用缓注少采的运行方式,不断提高库区边部区域的地层压力,经过多个注采周期达到设计库容量。

(三)井控分析

1. 单周期井控分析

根据 6 口气井在第二采气周期的生产动态数据,利用 RTA 生产动态分析软件评价了气井在采气阶段控制的动态储量和控制面积,结果见表 5 - 2 - 11。根据靖边气田气井的产气剖面统计结果,马五$_1^3$小层的产气贡献率超过 80%,因此在进行 RTA 分析时,储层静态参数主要采用马五$_1^3$小层测井解释结果,3 口注采水平井根据直井平均参数统一选取。评价第二采气周期,3 口注采水平井控制动态储量 $0.50 \times 10^8 \sim 0.88 \times 10^8 \mathrm{m}^3$,控制面积 $1.05 \sim 1.93 \mathrm{km}^2$;3 口老井控制动态储量 $0.24 \times 10^8 \sim 0.85 \times 10^8 \mathrm{m}^3$,控制面积 $0.44 \sim 2.17 \mathrm{km}^2$;6 口井合计控制动态储量 $3.45 \times 10^8 \mathrm{m}^3$,控制面积 $7.77 \mathrm{km}^2$。陕 224 储气库含气面积 $19.88 \mathrm{km}^2$,第二采气周期由于开井时间短、产气量少,仅控制了含气面积的 39.1%,主要控制了库区中心区域(压降变化幅度较大区域)。

表 5 - 2 - 11　陕 224 储气库第二采气周期气井控制动储量及孔隙体积统计结果表

井号	有效厚度 (m)	孔隙度 (%)	含气饱和度 (%)	动储量 ($10^8 \mathrm{m}^3$)	单井控制面积 (km^2)
SCK - S1	2.40	12.71	91.02	0.26	0.44
SCK - 8	3.00	8.64	84.38	0.24	0.57
SCK - 11	2.80	9.65	80.02	0.85	2.17
SCK - 1H	2.8	9.6	85	0.72	1.61
SCK - 2H	2.8	9.6	85	0.88	1.93
SCK - 3H	2.8	9.6	85	0.50	1.05
合计	—	—	—	3.45	7.77

由于陕 224 储气库采用注气阶段中心 3 口水平井注气,采气阶段 3 口水平井和外围 3 口老井共同采气的运行方式,并且 3 口水平井采用丛式井网部署,因此采气阶段气井的渗流方式和气井控制范围极其复杂。其他储气库大多采用直井同注同采,气井的控制范围相对容易绘制理论上的平面分布图。

类似呼图壁储气库库区采用注采同井的方式,可以认为采气阶段气井的控制范围近似等于注气阶段的控制范围。但像陕 224 储气库这种注采运行方式,3 口注采水平井采气阶段渗流还要与 3 口老井渗流存在一个流动平衡的问题,在采气阶段注采水平井的控制范围应该是小于注气阶段,因此需要对注气阶段水平井的控制范围进行单独的评估。

根据物质平衡原理,近似认为在注气阶段水平井基本保持一个相对固定的控制范围,因为陕 224 储气库为无边底水定容弹性驱动气藏改造建库,在注采过程中可以认为有效厚度、孔隙度、含气饱和度和地层温度保持不变,再根据阶段注气量、注气前后的压力数据就可以评价注

气阶段水平井的控制面积 A[式(5-2-6)]:

$$A = 100 \frac{\Delta GT}{h\phi S_g} \frac{p_{sc}}{T_{sc}} \frac{1}{\dfrac{p_2}{Z_2} - \dfrac{p_1}{Z_1}} \qquad (5-2-6)$$

根据表 5-2-12 给定的水平井储层参数,结合 3 口注采水平井注气前和采气前地层压力参数,评价单井控制面积 1.92~8.19km²,合计控制面积 12.88km²,占库区面积的 64.8%,大于采气阶段评价的气井控制面积。从单井评价结果看,SCK-2H 井明显其他两口注采水平井,这和 3 口井的注采运行动态也是相吻合的。

表5-2-12 陕224储气库第二注气周期气井控制面积及孔隙体积统计结果表

井号	注气前地层压力 (MPa)	采气前地层压力 (MPa)	阶段注气量 ($10^8 m^3$)	控制面积 (km²)
SCK-1H	11.50	23.48	0.57	2.77
SCK-2H	9.73	23.95	2.02	8.19
SCK-3H	9.89	25.92	0.53	1.92
合计	—	—	3.12	12.88

2. 多周期井控分析

采用 RTA 软件对第一周期和第二周期采气阶段生产动态数据进行拟合,结果见表 5-2-13。分析表明,采气量即气井渗流能力和生产时间是影响井控面积的关键因素。从单井到气库,阶段采气量大的井控面积就大。

表5-2-13 陕224储气库采气阶段井控面积评价结果表

井号	第一周期		第二周期	
	采气量($10^4 m^3$)	控制面积(km²)	采气量($10^4 m^3$)	控制面积(km²)
SCK-S1	853.35	0.66	704.38	0.44
SCK-8	1279.48	3.62	400.13	0.57
SCK-11	1234.23	3.11	725.74	2.17
SCK-1H	729.6	0.73	1335.5	1.61
SCK-2H	3305.5	2.65	1644.8	1.93
SCK-3H	1096.6	0.7	1718.5	1.05
合计	8498.76	11.47	6529.05	7.77

注气阶段井控分析表明(表5-2-14),第二阶段较第一阶段有所增加。第一阶段 3 口注气井控制了库区面积的 59%,第二阶段控制了库区面积的 64%。SCK-1H 井较第一阶段略有增加;SCK-2H 井第二周期注气时间远大于第一周期,单井控制面积增加明显;SCK-3H 井井控面积较第一周期明显减小,主要受到了 SCK-2H 井注气的干扰。

表5-2-14 陕224储气库注气阶段井控面积评价结果表

井号	第一周期			第二周期		
	阶段注气量 ($10^8 m^3$)	日均注气量 ($10^4 m^3$)	控制面积 (km^2)	阶段注气量 ($10^8 m^3$)	日均注气量 ($10^4 m^3$)	控制面积 (km^2)
SCK-1H	0.52	36.3	2.67	0.57	32.6	2.77
SCK-2H	0.15	115.5	5.65	2.02	115.3	8.19
SCK-3H	0.71	48.9	3.44	0.53	30.2	1.92
合计	1.38	—	11.76	3.12	—	12.88

3. 影响井控主控因素分析

根据井控面积评价结果和气库两个周期运行的压力监测情况,分析影响井控主控因素有两方面:一是气井渗流能力;二是储层非均质性。

由两个注气阶段井控面积的对比(表5-2-13和表5-2-14)可以看到,SCK-2H井的井控面积远大于其他两口注采水平井,分析主要原因是SCK-2H井经过二次改造,井底伤害得到了有效解除,气井渗流能力远大于其他两口井。实际注气过程中,两个周期SCK-2H井的日均注气量都远大于其他两口井。因此,影响单井井控面积的主要因素就是气井的渗流能力。

3口老井作为气田开发井生产的10余年时间里采出气量约$8 \times 10^8 m^3$,评价井控动储量$10.4 \times 10^8 m^3$,井控面积近$20km^2$。气库两个采气周期里,由于生产时间短、采气量小,评价井控面积仅占气田开发阶段评价井控面积的57%和39%;而两个注气周期,三口注气井井控面积也仅占气田开发阶段评价井控面积的59%和64%。反映了陕224储气库在整体低渗透背景下,短期的强注强采难以达到气田开发阶段的井控程度。

两个注采周期结束后,气库库存量$5.45 \times 10^8 m^3$,按照压降曲线推测气库平均地层压力15.4MPa,但实测井底压力20.07MPa。反映了库区中心区域相对高渗透、周边低渗透,受储层非均质性的影响,在短期强注强采条件下,气库地层压力无法整体平衡,造成库区中心部位压力高、周边压力低的现象。

四、气库运行效果评价

库区内部储层整体连通性好,但存在局部致密带;受储层非均质的影响,储层表现出径向复合特征,三口注采水平井和三口老井所在的库区中心部位储层物性较好,库区边部区域物性差。

受储层非均质的影响,在储气库快进快出的运行方式下,6口井所在的中心部位连通性好、物性好,压力快速波及;但是外围物性差,短时间内压力波及程度有限。由于采用中心3口水平井注气的方式,导致注气中后期阶段库区中部地层压力快速升高,气库注气能力快速下降。

库区$10.4 \times 10^8 m^3$的静态库容量落实,但是受储层非均质性的影响,在快进快出的储气库运行模式下,实际动用库容量较静态库容量还有较大差距[7]。

受钻完井过程中储层伤害影响,水平井产能远小于直井,但随着注采运行,伤害程度得到一定解除,注采水平井产能明显提高;通过注采水平井二次重复改造的实施,井底伤害得到较大程度解除,水平井产能大幅提升;但是受储层非均质性影响,库容并未得到充分有效动用,气库整体注气能力提升幅度较小。

经过两个周期运行,气库内酸气被驱替到库区的边部区域,采出气的硫化氢含量大幅下降,第二采气周期初期阶段硫化氢含量已接近达标含量。3 口注采水平井所在的库区中心部位以干净气为主,采出气硫化氢含量明显低于 3 口老井。

第三节 储气库运行动态监测

一、气藏动态监测

(一)圈闭封闭性监测

为监测盖层和侧向密封性,陕 224 储气库部署监测井 3 口,分别是边界监测井 SCK – 10 井,盖层监测井 SCK – 7 井和 SCK – 12 井。在储气库注采运行阶段设计如下压力监测内容:注气开始前完成 3 口井的地层压力测试;注采运行过程中,3 口监测井关井,监测井口压力及变化情况,并分别在注气阶段第 2 个月、第 4 个月、第 6 个月进行 3 次静压测试。3 口老井受修井进度影响,共开展了 5 井次的静压测试。陕 224 储气库目前运行两个注采周期,3 口封闭性监测井的静压测试和井口压力监测数据均无明显变化。

此外,将气库外围的两口气田开发井 SCK – S3 井和 SCK – 13 井也纳入封闭性监测体系,加强注采运行过程中的压力和产量变化监测,两个注采周期未见异常现象。监测井和周边开发井动态资料表明,目前运行压力条件下气库封闭性良好。

(二)气井生产动态监测

为研究气井注采能力、注采过程中酸性气体组分变化规律,分析压力传播速度[8-10],落实库容量,陕 224 储气库建库地质方案中已经设计了相关的动态监测内容;结合两个注采周期的实际运行情况,对地层压力、流压、水质及气质全分析等测试计划按照注采阶段进一步优化。

1. 注气前

开展库区 3 口老井和 3 口注采水平井的地层压力测试。

2. 注气阶段

流压监测:在注气平稳期对 3 口注采水平井各测试流压 1 次。

井底压力连续监测:3 口老井注气开始前下入压力计,注气阶段连续监测井底压力变化情况,注气结束后取出压力计。

流体监测:注气阶段第 1 个月、第 3 个月和第 6 个月开展 3 次注入气气质全分析。

3. 秋季关井维护阶段

静压测试:关井最后一天对 3 口老井井各测试 1 次地层压力。

压降试井:注气结束关井后对 3 口注采水平井开展压降试井。

4. 生产阶段

流压监测:在采气初期、采气末期根据生产情况分别选取 1 口注采水平井和 1 口采气直井各测试 1 次流压。

流体监测:采气阶段每 3 天开展 1 次产出气气质全分析,每 2 个月开展 1 次产出水水质分析。

5. 春季关井维护阶段

压力恢复试井:采气结束关井后,对库区 3 口注采水平井和 1 口采气直井(根据实际情况选取 1 口井)进行压力恢复试井,关井恢复 30 天。

二、井工程动态监测

(一)井筒腐蚀检测防腐要求

(1)前期准备。

做好井控应急预案的演练,确保工程测井井控安全;做好运抵井场的施工设备检查及保养工作,确保设备良好运转和井下作业安全实施;井下腐蚀测试的相关人员应进行基础和现场培训,达到现场操作要求。

(2)检查井口,检测可燃和有毒有害气体含量。

(3)开展不压井油、套管腐蚀检测作业。

测井前对测井仪器进行检查,待用仪器是否经过校准,并在校准有效期内且具有较好的完整性。测井仪器串安装前,必须进行刻度。

为保证测井作业顺利进行,在测井前一定要对井筒进行通井,通井过程中通井规的外径必须大于测井仪器的最大外径;同时,通井工具串的长度要大于测井仪器串的长度且通至测试目的层,以确保测井工作顺利开展。

测井仪器下入井筒后,仪器下放速度小于 18m/min,禁止出现速度过快或猛刹的现象发生,确保仪器顺利入井。

仪器上提过程即为测井过程,仪器上提速度确保小于 10m/min,保证测试精度。

(4)在井口安装转换接头、防喷管和钢丝防喷器。

到井场后摆正吊车,吊车必须停放在上风口,钢丝绞车滚筒与井口对正。

(5)下通井工具串。

通井工具外径根据检测管柱内径确定,小于管柱内径 10mm 左右。检查套管的贯通状况和实际深度。

(6)开展套管腐蚀监(检)测作业。

对测井仪器进行校验,确保仪器检测数据的准确性,并根据通井时间和速度对测井仪器进行编程并组装,地面进行测试验证。

按照设计速度要求(下放速度小于 18m/min)下放工具至射孔段顶部以上 50m,待测井仪器处于工作状态后匀速上提测井工具(按照测试仪器的速度要求进行测试)进行腐蚀监(检)测,测试至井口结束。

（7）拆卸设备。

当测井工具提升到地面上后,下载数据,泄压拆卸设备。

为了合理利用老井,对陕 224 储气库区内 6 口老井先后开展了 4 井次过油管管柱腐蚀测井、4 井次套管腐蚀和固井质量再评价测井。通过井筒腐蚀监（检）测评价老井井筒质量,指导修井作业 6 井次,再利用老井 3 口改为采气井,3 口改为监测井。

（二）环保保护液测试

采用回声液面仪,每年进行环空液面测试。

所选仪器应能满足测试技术要求,测试前要检查井下管柱结构资料,熟悉井口流程及工作制度。测试操作步骤参照不同类型回声仪器测试流程进行。

测试结束后一定要注意关严套管阀门,打开放空阀门,切除各连接电缆后方许卸下井口连接器。每条测试原始液面曲线必须有高低两个频道记录的波形,波形应清楚、连贯、易分辨。每条曲线上必须标注井号、仪器型号、挡位、油套压、测试日期。曲线记录长度应满足不同工况的要求。记录曲线的液面波峰明显,波高不小于 2mm,测不出液面波的曲线必须有重复测试的记录曲线。根据相应的公式计算液面深度。

三、内部运行动态检测

油套环空液面检测:在注气初期及采气初期分别对 3 口注采水平井和 3 口老井进行油套环空液面检测,结合套压数据及温度、压力的影响,分析判断油套管的密封性,如果液面距井口有一定距离,讨论是否增加氮气垫。

老井修井检测:注气末期对老井(3 口井轮测,每两年测一口)修井起管柱,开展固井质量检测(声幅变密度)、套管腐蚀情况检测、套管试压,落实固井质量及套管腐蚀情况,检测后下入带封隔器管柱,环空注保护液。

四、地面工艺动态检测

（一）新建管线外腐蚀检测

根据 SY 6186—2007《石油天然气管道安全规程》等规范要求,对新建的管线开展首次管道腐蚀检测评价作业。主要监（检）测评价项目内容:基础资料调查,宏观检查,位置、埋深和走向的检测与路由图绘制,腐蚀环境检测与评价,外腐蚀非开挖检测与评价。

（二）集注站站场工业管道检测

根据国家质量监督检验检疫总局《在用工业管道定期检验规程》要求,对集注站截断区、注气区、采气区、加热分离器、脱水装置区、收发球区、燃料气区、放空区及靖边末站进行管线腐蚀检测评价。检测主要内容包括:(1)资料调查;(2)埋地管道的地面非开挖检测(包括位置走向、埋深、外防腐层破损状况);(3)管道单线图(架空部分)和路由图(埋地部分)绘制;(4)架空管道宏观检查、埋地管道的地面检查和腐蚀环境检测;(5)管道、管件内外腐蚀状况检测;(6)管道焊接质量宏观检测、无损检测(去除保温层后的管体外壁缺陷检测);(7)管道硬度测试;(8)耐压校核及管系应力分析与计算;(9)管道剩余壁厚检测;(10)管道弯头及压缩机出口管道应力检测;(11)工业管管道安全状况等级综合评定。

(三)集注站站场静设备 RBI 检测

根据《在用工业管理定期检验规程》要求,对分离器、分液罐、三甘醇储罐、消防水罐进行 RBI(基于风险评估的设备检验技术)检测和泄漏风险评估。

(四)压缩机组及配套工艺系统状态监测

应用在线监测系统对机组气阀温度、活塞杆位置、十字头冲击、曲轴振动、偏搬等参数进行实时数据采集,用于趋势分析和故障诊断。主要监测内容:大功率往复式压缩机在线振动情况监测;压缩机核心部件运行情况监测;压缩机故障预警;压缩机配套工艺系统振动情况监测;压缩机系统受力情况分析。

参 考 文 献

[1] 杨华,金贵孝,荣春龙. 低渗透油气田研究与实践(卷四)[M]. 北京:石油工业出版社,2002.

[2] 徐运动,兰义飞,刘志军,等. 靖边气田陕45井区地下储气库单井注采能力论证[J]. 低渗透油气田, 2011,16(3):75 – 78.

[3] Joshi S D. Augmentation of Well Productivity With Slant and Horizontal Wells[R]. SPE 15375,1986.

[4] Babu D K,Aziz S Odeh. Productivity of a Horizontal Well[R]. SPE 18298,1989.

[5] 陈志海,马新仿,郎兆新. 气藏水平井产能预测方法[J]. 天然气工业,2006,26(2):98 – 99.

[6] 贺伟,冯曦,王阳. 低渗气藏气井产能影响因素分析[J]. 天然气勘探与开发,2000,23(2):23 – 26.

[7] 张建国,刘锦华,何磊,等. 水驱砂岩气藏型地下储气库长岩心注采试验研究[J]. 石油钻采工艺,2013, 35(6):69 – 72.

[8] 吕建,李冶,付江龙,等. 酸性气藏地下储气库采出气组变化规律研究——以鄂尔多斯盆地陕224储气库为例[J]. 天然气工业,2017,37(8):96 – 101.

[9] 余淑明,卢涛,刘志军,等. 低渗透岩性气藏局部建设储气库库容量的确定[J]. 天然气工业,2012,32 (6):36 – 38.

[10] 刘志军,兰义飞,伍勇,等. 低渗透岩性气藏局部储气库库容量评价与工作气量优化[J]. 低渗透油气田,2012(3):77 – 80.

第六章　全生命周期运行风险管控

储气库全生命周期运行风险管控主要从地质气藏完整性、井完整性、地面完整性三个方面对影响储气库封闭性、井控风险、地面危害因素等进行全生命周期的监控、跟踪、评价,其包括管理制度、运行方案和施工技术措施等方面内容,确保气库安全平稳运行[1-3]。

第一节　储气库地质完整性管理

储气库地质完整性管理,主要是指气库密封性管理,其贯穿于气库的设计、钻井、试气和运行这一全生命周期,核心是在各阶段都必须监测、评估气库的密封性,设计合理的运行方案、管理制度和施工技术措施,确保气库封闭性,防止由于气库封闭性遭到破坏,导致气体外溢。

评价阶段,以气藏精细描述为核心,综合地质、地震、试井、物理模拟等多学科研究,宏观与微观、静态与动态相结合落实储气库建设有利区的气藏封闭性[4]。通过地震解释技术落实库区断层和侵蚀沟槽的发育情况;绘制地质连层剖面、开展不稳定试井和干扰试井等研究,定性与定量评价结合确定气库边界、分析库区侧向密封性。通过绘制区域盖层、直接盖层和底板的致密泥页岩地层厚度平面分布图、分析其岩性特征,从宏观角度定性评价盖层和底板密封性;统计分析盖层、底板的孔隙度和渗透率参数,半定量评价其封闭性。通过盖层、底板和侧向地层取心,开展突破压力实验,结合区域地层破裂压力参数统计,定量评价库区封闭性。通过建库有利区气藏密封性评价,优选密封性能好、安全系数高的区块改建储气库,从根源上降低气库泄漏的风险[5]。陕 224 储气库马五$_{1+2}$气藏成藏阶段,侧向古沟槽和致密储层对气体的侧向渗流起到很好的封闭作用[6];并且陕 224 井区无断裂发育,因此在不高于原始地层压力 30.4MPa 的条件下运行,气库不存在封闭性被破坏的风险。并且陕 224 储气库两个周期的注采运行表明,在短周期注采运行条件下,即使气藏开发阶段能够动用的部分相对致密区的库容量,在储气库运行阶段也难以动用,进一步说明了侧向古沟槽和致密储层形成的边界封闭不存在风险。

建设阶段,采取"缓升慢降"的水平段钻进策略,确保不钻穿深、薄目的层顶、底界面。陕 224 储气库建库目的层马五$_{1+2}$储层埋深 3448m,厚度 25m 左右,如果水平段钻进过程中控制不利,会导致钻穿目的层顶、底界面,破坏库区密封性。考虑储层产气剖面测试结果,水平段设计全段位于主力产层马五$_1^3$小层中部,距顶、底界面均约 10m 左右;由于井区储层非均质性强,为提高注采水平井产能,在水平段钻进过程中一般采取追踪高气测、低伽马储层钻进的策略,这就需要井场随钻分析、经常调整水平段钻进的角度;但是由于储层埋藏深、厚度薄,水平段钻进角度的调整易导致轨迹失控,钻穿储层顶、底界面;为此,制订了水平段调整角度 1°以内的轨迹调整对策,尽量保证水平段位于马五$_1^3$小层内,提高气井产能,不破坏储层的密封性。

试气阶段,优化酸化施工排量和连续油管拖动速度,控制裂缝纵向延伸,不破坏气库封闭性。靖边气田下古生界马五$_{1+2}$气藏为典型"低渗透、低压、低丰度"气藏,若不采取改造措施则气井基本没有产能;在常规气田开发过程中,一般采用酸化压裂的改造措施,在酸液对碳酸盐岩储层酸蚀的同时,通过加大施工排量和泵压造缝,进一步提高井底的渗流能力。由于气库密封性是储气库安全平稳运行的重要保障,因此需要严控施工规模保证不压裂顶、底盖层,同时尽可能解除井底伤害释放气井产能。在常规下古生界气藏水平井酸化改造工艺基础上,通过优化酸化施工排量和连续油管拖动速度,控制裂缝纵向延伸不突破目的层顶、底界面,不破坏气库封闭性。

运行阶段,气库设置边界监测井和盖层监测井,实时监测气库周边储层的压力变化。另外,还应实时监测距离储气库较近的气田开发井,观察其压力和产量有无突变。

第二节　储气库井完整性管理

一、井完整性概念

目前,国际上广泛接受的井完整性概念是综合运用技术、操作和组织管理的解决方案来降低井在全生命周期内地层流体不可控泄漏的风险。井完整性贯穿于油气井方案设计、钻井、试油、完井、生产、修井、弃置的全生命周期,核心是在各阶段都必须建立两道有效的井屏障。井喷或严重泄漏都是由于井屏障失效导致的重大井完整性破坏事件。

井完整性管理是目前国际油公司普遍采用的管理方式。通过测试和监控等方式获取与井完整性相关的信息并进行集成和整合,对可能导致井失效的危害因素进行风险评估,有针对性地实施井完整性评价,制订合理的管理制度与防治技术措施,从而达到减少和预防油气井事故发生、经济合理地保障油气井安全运行的目的,最终实现油气井安全生产的程序化、标准化和科学化的目标[7]。

井完整性和油气井钻井、试油、完井、生产、修井、弃置等各阶段的设计、施工、运行、维护、检修和管理等过程密切相关(图6-2-1)。

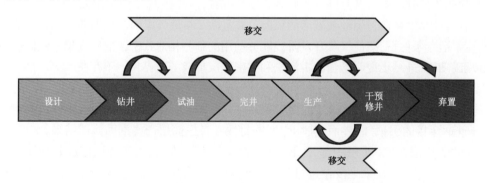

图6-2-1　井完整性与井完整性管理涉及的各阶段示意图

二、井完整性管理系统

井完整性管理是一个循环往复、不断改进的过程。应建立系统的方法来管理全生命周期的井完整性。井完整性管理系统包含的基本要素如图6-2-2所示。

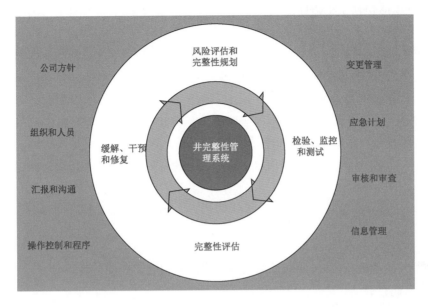

图 6 - 2 - 2　井完整性管理系统

(一)井完整性解决方案

井完整性解决方案包含技术解决方案、操作解决方案、组织管理解决方案三部分内容[6,7]。

1. 技术解决方案

技术解决方案是指建立防止地层流体发生泄漏的物理设备的完整性。在选择技术解决方案时,重点是制订正确的设备规范,并提出井屏障设计、选型、建造、测试、使用和监控的最低技术要求。

技术解决方案至少包含以下方面:井屏障数量的要求,井屏障合格标准,井屏障部件的设计选型原则,井屏障部件的测试验证要求,井屏障部件的监控维护要求。

2. 操作解决方案

操作解决方案是指制订相应的操作程序和文件,确保井在设计规定的范围内运行,并对井屏障部件进行定期的维护和测试,确保井屏障的完整性。

操作解决方案至少包含以下方面:操作规程、操作参数范围、环空压力管理、井屏障监控和测试、数据记录。

3. 组织管理解决方案

为使井完整性达到要求,还需要采取适当的组织管理措施。

组织管理解决方案至少包含以下方面:策略和目标、组织方案和运行(包括岗位和职责)、人员资历和培训、工作流程、承包商管理、变更管理、应急准备、沟通和分享、文件移交。

(二)各环节井屏障要求

1. 井屏障原则

在井作业开始之前,应明确定义井屏障,包括识别所需的井屏障部件、技术要求和监控方法。建井设计中应包括全生命周期的井屏障设计,并在相关程序和方案中清晰描述井屏障及其功能。

2. 井屏障的数量

应保证在井全生命周期内有足够的、合适的井屏障来防止井筒泄漏风险的发生。对于井屏障的数量,应至少满足以下要求:

(1)在井的全生命周期内,原则上至少需要两道井屏障。每道井屏障应尽可能是独立屏障,并根据国际或行业最佳实践进行设计、选型和建造。

(2)在井作业或生产中不具备两道井屏障时,应开展风险评估,并采取最低合理可行的风险削减措施。

(3)对不能建立两道独立井屏障、存在使用共用井屏障部件的作业,应对其风险进行评估。

(4)在防喷器安装前的一开钻井作业,至少需要一道井屏障。

(5)对于井的弃置,在油气层和地面之间至少需要两道永久的井屏障。

3. 井屏障的设计

在建井设计和作业程序中应明确设计足够的井屏障,确保全生命周期井的完整性。建井设计还应对使用的新技术和新应用的井屏障部件开展技术评估和确认。井屏障在设计选型时应考虑以下因素:

(1)具有较高的可靠性,能够承受其可能会接触到的最大压差、温差和所处的井下环境。

(2)能够进行试压、功能测试或用其他方法进行检验。

(3)确保不会因一个故障事件而导致井内流体无控制地泄漏至外部环境。

(4)能够对已失效的第一井屏障进行恢复或建立另一级替代井屏障。

(5)对可以进行监控的井屏障部件,应能够随时确定井屏障的实际位置和完整性状态。

(6)尽量避免出现共用的井屏障部件。

4. 井屏障的安装

在建井设计和程序中应清晰描述井屏障的安装程序。井屏障安装程序应包含检查和确认井屏障位置的方法和验证标准。

5. 井屏障的验证

所有的井屏障都应能够进行验证。井屏障应进行试压、功能测试或使用其他方式进行验证。对每个井屏障验证的具体方法及推荐做法,将在后续章节中描述。

应制订可操作的井屏障部件测试方案,该方案应包括明确的测试程序、测试合格标准和具体测试要求。应对所有进行井屏障测试的设备或仪器及时进行校验,并做好记录。下面5种情况下必须进行验证:

(1)在井屏障首次投入使用之前。

(2)更换井屏障承压部件后。

(3)怀疑有泄漏时。

(4)当某个井屏障部件工作压差或载荷工况超出了原设计值时。

(5)按照设计或规范要求的定期测试。

6. 井屏障的维护和监控

井屏障应在全生命周期中进行维护和监控。应制订相应的程序文件来规范井屏障的维护和监控活动。

(1)在井作业和生产过程中,应对井屏障进行监控。宜使用自动控制和报警系统来协助井屏障部件的管理和监控。典型的监控方法如下:

① 钻井液液面或体积监控;

② 钻井期间各环空压力监控;

③ 试油、完井期间各环空压力监控;

④ 生产期间油套压力和井口温度监控;

⑤ 生产流体组分检测及腐蚀、冲蚀监控。

(2)没有被连续监控的井屏障部件(如采油树阀门)都应建立一个维护保养计划。该计划应综合考虑作业风险和厂家提供的井屏障设备使用和保养要求,制订井屏障部件的检验和维护程序。

7. 井屏障退化/失效的削减措施

如果井屏障退化(未完全失效),应建立相应的管理系统来识别退化状况,并制订削减措施,同时在井屏障示意图中记录该信息。如果一个井屏障失效,应确保剩余井屏障能够起到密封井眼的作用。根据风险评估的结果或程序文件的要求,决定是否修井或采取临时性的削减措施。

第三节　储气库地面完整性管理

地面完整性管理是指管理者不断根据最新信息,对管道和站场运营中面临的风险进行识别和评价,并不断采取有针对性的风险减缓措施,将风险控制在合理、可接受的范围内,使管道和站场始终处于可控状态,预防和减少事故,为其安全经济运行提供保障。完整性管理应贯穿管道和站场的生命周期[8,9]。陕224储气库分别对管道、站场和井场完整性进行管理。

一、管道完整性管理

陕224储气库管道工程主要包含双向输气管线、注气管道、采气管道等6条管道,在可行性研究和初步设计对管道开展高后果区识别和风险评价,筛选出高风险级管道,优选适合的方法开展检测、评价和修复工作、降低管道失效率,减少管道更换费用。

在设计过程中,严格按照安全设施设计预评价、消防建审、职业病防护设施预评价提出的风险控制结论,从管道材质、管道防腐、焊缝系数、工艺参数、工艺流程、自控水平等方面采取有针对性的风险控制措施。

在施工过程中严格按照施工图进行施工,并遵循设计变更程序,减少设计变更数量。施工过程中,陕224储气库建设项目部做好物资采购、质量监督和工程验收管理,确保施工质量。

在工程交工验收前,陕224储气库建设项目部组织专家、设计单位、监理、施工单位对管道走向、埋深检测、防腐层及阴极保护检测,记录相关的检查结果和整改情况,并完成基线评价。

在竣工验收前,设计单位、施工单位将管道属性数据、管道环境及人文数据,管道建造数据按照 Q/SY 1180.6 的要求,向陕 224 储气库建设项目部进行移交。当管道属性或环境数据发生变化时,完善并及时更新相关数据。

管道运行期完整性管理工作流程包括数据采集、高后果区识别和风险评价、检测评价、维修维护、效能评价 5 个环节。在数据采集的基础上,陕 224 储气库建设项目部做好高后果区识别和风险评价,确定管道导致风险的主控因素,并根据主控风险因素选择检测技术;进而根据检测评价结果采取相应的维护措施。

日常维护是完整性管理的重要内容,也是减缓风险的主要手段之一。陕 224 储气库建设项目部重点做好管道腐蚀控制、管道维护、第三方管理、地质灾害预防等工作。

二、站场完整性管理

针对集注站站内设备承担功能的不同,将站场设备分为静设备(压力容器和站内管道)和动设备(机泵、压缩机和阀门等)、安全仪表系统(站控系统、井安系统、紧急截断阀系统等)开展不同类型的风险评价[10]。陕 224 集注站主要对站场内设备开展 RBI(基于风险评估的设备检验技术)、RCM(可靠性为中心的维护评价)、SIL(安全仪表系统安全完整性等级评估)等半定量风险评价。

站场内压力容器按照特种设备安全技术规范开展定期检验;站场内管道应按 RBI 评价结果开展检测评价。

建立站场设备数据台账,包括设备基础信息、日常运行、检测评价和维修维护等。

参 考 文 献

[1] 丁国生,李春,王皆明,等. 中国地下储气库现状及技术发展方向[J]. 天然气工业,2015,35(11):107-112.
[2] 张刚雄,李彬,郑德文,等. 中国地下储气库业务面临的挑战及对策建议[J]. 天然气工业,2017,37(1):153-159.
[3] 高发连. 地下储气库建设的发展趋势[J]. 油气储运,2005,24(6):15-18.
[4] 丁国生. 金坛盐穴地下储气库建库关键技术综述[J]. 天然气工业,2007,27(3):111-113.
[5] 王世艳. 地下储气库设计模式及配套技术[J]. 天然气工业,2006,26(10):130-132.
[6] 代金友,齐恩广,刘广峰,等. 靖边气田马五$_{1+2}$古岩溶气藏储层连通性研究[J]. 特种油气藏,2008,15(6):27-30.
[7] 孟凡彬,等. 油气储库工程设计[M]. 山东东营:中国石油大学出版社,2010:30-120.
[8] 刘子兵,张文超,林亮,等. 长庆气区榆林气田南区地下储气库建设地面工艺[J]. 天然气工业,2010,30(8):76-78.
[9] 李世宣. 长庆低渗透气田地面工艺技术[M]. 北京:石油工业出版社,2015:66-106.
[10]《天然气地面工程技术与管理》编委会. 天然气地面工程技术与管理[M]. 北京:石油工业出版社,2011.

第七章　储气库建设组织管理模式

长庆油田储气库项目建设经历了探索试验、规模建设等阶段，建成了榆林南集注试验站和陕 224 储气库。其中，陕 224 储气库为首座具有区域调峰功能的储气库，有效缓解长庆气区冬季调峰保供的严峻形势。作为长庆气区首个碳酸盐岩含硫气藏型地下储气库，国内没有类似储气库建设的先例可借鉴，且库址地质条件相对复杂，建设和运行过程中对工程技术人员提出了许多挑战，开展了组织建设模式、数字化建设模式和高效运营模式的研究。

第一节　大型工程组织建设模式

2010 年，中国石油开始启动长庆油田地下储气库库址筛选工作，长庆油田全面拉开了储气库评价建设及注采运行工作的序幕。

一、储气库建设历程

(一)探索试验阶段(2010—2011 年)

探索试验阶段主要完成了储气库前期评价、储气库选址、储气库建设概念方案设计及开发可行性研究、榆林南先导试验区项目建设、榆林南储气库注采试验等大量工作。由于前期评价工作扎实、有效，经过多学科、多专业联合攻关，基本形成了长庆储气库技术工艺体系。

(二)项目建设阶段(2012—2014 年)

长庆储气库经过前期评价和注采试验，暂缓实施了陕 45 井区和榆林南区的储气库评价工作，将建设目标转为靖边气田陕 224 区块。此阶段重点围绕陕 224 储气库开展项目建设、老井临时注采试验、动态监测等工作，同时对长庆储气库建设后备目标区进行筛选。

(三)首座储气库生产运行阶段(2015 年至今)

陕 224 储气库于 2015 年 6 月开始第一周期注采生产运行，为注入垫底气阶段，累计注气量 $1.38 \times 10^8 \mathrm{m}^3$，累计采气量 $0.85 \times 10^8 \mathrm{m}^3$；第二注采周期于 2016 年 4 月开始，完成了垫底气的注入，累计注气量 $3.11 \times 10^8 \mathrm{m}^3$，累计采气 $0.65 \times 10^8 \mathrm{m}^3$。目前正开展第三周期的注气生产，此阶段为纯工作气注采生产阶段。

二、项目建设组织管理模式

针对储气库项目为多学科融合、新工艺聚集的特点，长庆油田分公司于 2010 年 3 月抽调有项目管理和气田开发经验的管理技术人员组建靖边储气库建设项目部，全面负责储气库建设及前期评价试验工作。2010 年 7 月，为保障榆林南先导试验区注采试验，将长庆油田甲醇厂整建制转型为储气库管理处，负责生产运行和管理。

（一）项目管理思路

根据长庆油田分公司"标准化设计、模块化建设、数字化管理"的总体建设要求，在确保安全的前提下，立足任务、整体规划、分步实施、稳步推进、加强跟踪、及时调整，以"11234"的项目运作思路来组织整体项目建设。项目运作思路如下：

围绕一个中心：以优质高效完成储气库建设及前期评价任务为中心。

确保一个前提：以确保"零事故、零污染"为前提。

抓好两项重点：一是抓好注采井实施；二是抓好地面工程建设。

取得三个提高：一是项目管理水平和项目团队的整体技术素质明显提高；二是标准化设计、模块化建设、数字化管理水平明显提高；三是全面表单化的主动预防式安全环保管理水平明显提高。

实现四大目标：一是全部按期投产；二是质量全面创优；三是投资控制到位；四是注采效果达到部署要求。

（二）项目管理模式

实行项目经理负责制，全面负责项目建设工期、质量、投资、安全管理，各分管项目副经理协助项目经理抓好各路工作，各专业组根据职责，负责组织实施各项工作。项目建设工作相对独立运作，地质开发、对外协调、概预算等业务由项目组组织进行，计划财务业务依托储气库管理处，工程监理监督由油田公司工程技术管理部和基建工程部委托派驻项目，实行"双重"领导，日常管理以项目为主，施工单位主要由关联交易单位组成。

（三）项目管理目标

储气库项目管理以优质、高效完成储气库建设及前期评价为目标，其建设工程达到国家优质工程质量标准，单位工程质量合格率100%，优良率大于90%，钻井、井下作业、测井、试气等作业的质量指标、技术要求符合储气库钻完井技术规范及油田公司相关规定，经济运行安全，项目投资控制不超，运行全过程推进 QHSE 管理，实现"零事故、零伤亡、零污染"，领导班子不发生重大党风廉政问题，项目管理水平不断有创新、有提高。

三、大型工程建设模式

为了保障陕224储气库顺利实施，项目建设严格落实"标准化设计、模块化建设、数字化管理、市场化运行"的管理方针，加快建设进度，降低建设投资，提高建设质量，确保储气库运行寿命50年的要求。

（一）建设模式

项目建设由靖边储气库建设项目组全面负责组织实施，方案设计由长庆油田气田开发经验丰富的勘探开发研究院、油气工艺研究院和西安工程技术有限公司三家单位承担，大型作业施工队伍选择集团公司内部专业化、技术力量较强的队伍，小型作业、专业化要求高的选择行业技术水平高的施工队伍，工程监理监督由油田公司工程技术管理部和基建工程部委托派驻项目，实行"双重"领导。

(二)建设管理措施

(1)大力推行标准化管理,并积极借鉴先进管理经验,加强关键环节控制,努力提高项目规范化运作水平。建立以标准作业流程为主的管理标准和岗位标准,以制度、办法、流程、信息表单等制度性文件为载体,推动构建工作界面清晰化、权责关系明确化、管理活动规范化、组织运行高效化的标准化管理体系,不断深入完善项目质量控制体系,不断加强队伍建设,实现投资控制、质量控制、进度控制以及人员管理、经营行为管理、合同管理等工作的科学、规范、高效。

(2)严格工程项目过程控制,强化项目内部管理人员和监理、监督工作职能,明确程序和责任,对工程建设项目实施精细化管理。将总体工程按照功能区块分解为单体工程,将单体工程分解成各质量单元,设置进度控制节点目标,配以相应的检验、记录、试验的监理表式,依据各质量单元分工序进行质量控制,加强项目组管理人员和现场监理、监督人员全过程旁站监督,严格控制施工准备、入场材料检验、施工人员资质审查、施工技术管理、现场质量和安全管理、分包工程管理以及工程质量验收管理等工作,确保工程进度总体目标的实现。

(3)加大工程项目安全环保工作监管力度,杜绝安全环保事故发生。严格对照《长庆油田石油与天然气钻井井控实施细则》规范管理操作人员工作行为,注重提高监督人员的井控管理水平,做好井控设备的安装、维护和检修工作的监管,严抓井控演练,化学药剂管理,泥浆池管理,外部协调管理,确保能及时发现问题,防范安全环保事故的发生。

第二节 储气库数字化建设模式

数字化管理是储气库安全、平稳运行的重要保障。提高储气库数字化建设水平,充分利用科学技术手段,构建高水平的储气库数字化管理平台[1,2]。

按照储气库的工艺技术特点,满足储气库注采工艺过程安全生产和集中运行管理的基本要求,陕224储气库在井下安全控制、井口数据自动采集传输、关键阀门自动远程开关控制、放空远程点火、天然气计量、ESD四级切断控制、生产网络数据传输等工艺中充分利用科学技术手段,努力构建储气库数字化平台,降低人员劳动强度,提高工作效率和安全可靠性。

一、自动控制系统建设

陕224储气库自控系统以储气库、集注站控制系统为核心,完成站内和井场生产过程的数据采集、监控、紧急停车和火气检测。主要生产运行数据以Web形式对外发布,满足基本生产管理需要。自控系统预留数据上传接口,未来将数据接入长庆储气库自控系统。

二、生产网络建设

结合陕224储气库实际情况,将整个生产网络结构规划为二层结构,各集注站和储气库为接入层,实现终端节点的接入和VLAN成员的具体分配。各接入层网络设备直接连接至核心层网络设备,由核心层实现高速的数据交换和路由转发。

主要功能:实现储气库管理处所属的各集注站、储气库到靖边基地的千兆连接。将各站点的生产设备及计算机纳入该套生产网络,并对生产网络和原有办公网络进行逻辑隔离,通过增加网络安全设备和配置安全访问策略的方式对网络访问进行控制,提高生产网络设备和服务器的安全系数。

三、生产数据管理

针对陕 224 储气库生产数据现状,建立三级生产数据存储、归档、解释、分析应用等功能平台。一级管理平台为储气库管理处《储气库生产信息系统》,二级管理平台为长庆油田分公司《数字化油气藏研究与决策支持系统》储气库模块,三级管理平台为集团公司《中国石油地下储气库信息管理平台》,三级管理平台以第一级处级数据平台为基础数据库,二级和三级为研究数据平台,直接调用一级管理平台数据,实现数据共享、调用的统一和准确性。

第三节 储气库高效运营模式

陕 224 储气库经过两个周期的注采生产运行,基本形成了注、采两条线的运营模式[3,4],生产运行安全平稳,经营核销更为顺畅。

一、储气库运营模式

陕 224 储气库前两个注采周期处于注垫底气阶段,加之为酸性气藏储气库,初期注采运行以淘洗酸性气体为目的。因此,形成了注采两条线的运营模式。

注采生产两条线:注入气为陕京管道的商品气(符合国家天然气二类气标准),采出气为含硫天然气,依托长庆油田第一净化厂净化处理后外输。

注采经营两条线:注垫底气阶段为国家投资资金渠道,采气阶段为采气操作成本,后期完成垫底气注入和酸性气体淘洗,运营模式将发生变化。

二、生产运行管理程序

陕 224 储气库生产运行主要遵循中国石油天然气股份有限公司《油气田企业储气库生产运行暂行办法》以及《长庆油田分公司安全生产管理办法》的有关规定,对储气库生产运行环节有关部门职责、生产计划指定与下达(图 7 – 3 – 1)、生产运行管理、气量计量与交接、调度指

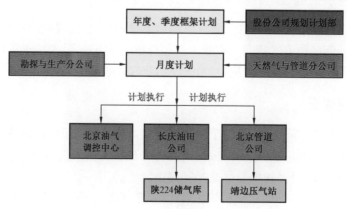

图 7 – 3 – 1 陕 224 储气库生产计划执行程序